Norbert Griesbacher

SCHWAMMERLSUCHE IN BAYERN

Bibliografische Information der Deutschen Nationalbibliothek

Die Deutsche Nationalbibliothek verzeichnet diese Publikation in der Deutschen Nationalbibliografie; detaillierte bibliografische Daten sind im Internet über http://dnb.dnb.de abrufbar.
ISBN 978-3-95587-739-2

Impressum

3. Auflage 2019
ISBN 978-3-95587-739-2

www.battenberg-gietl.de

Buchgestaltung: Grafik-Design Weber, Schnaittenbach

Titelbild: Fichtensteinpilze *(Boletus edulis)*
Bild rechte Seite: Netzstieliger Hexenröhrling *(Suillellus luridus)* im Schnitt

Bildquellennachweis im Anhang

Norbert Griesbacher

Schwammerlsuche in Bayern

Heimische Speisepilze sammeln, bestimmen und verarbeiten, Giftpilze sicher erkennen!

SüdOst Verlag

Einleitung

Leitfaden

Bestimmungsteil

Anhang

Vorwort

Norbert Griesbacher

Vor einiger Zeit fragte man mich, ob ich nicht ein regionales Pilzbuch schreiben könnte. Nach reiflicher Überlegung sagte ich zu.

Ich bin seit 1979 Pilzsachverständiger der Deutschen Gesellschaft für Mykologie (DGfM) und seit dieser Zeit ehrenamtlicher Pilzberater der Stadt Weiden i.d.OPf., bin Gründungsmitglied der Bayer. Mykologischen Gesellschaft (BMG) und habe in den vergangenen Jahrzehnten durch zahlreiche Pilzberatungen und Pilzexkursionen sowie auf vielen Pilztagungen und in vielfältigen eigenen Studien wertvolle Erfahrungen sammeln dürfen.

Wie der Titel schon aussagt, findet man in diesem Pilzbuch die in der bayerischen Region vorkommenden wichtigsten und mehr oder weniger häufigen Speise- und Giftpilze, dazu noch ergänzend die häufigen ungenießbaren Pilze (ausnahmlich wurden am Schluss dieses Buches aus besonderem Grund auch einige besondere „Raritäten" aufgenommen).

Nun stellt sich spätestens jetzt die Frage: Macht dieses Pilzbuch bei Berücksichtigung der Fülle der vorhandenen exzellenten Pilzliteratur noch einen praktischen Sinn?
Welche besondere Bewandtnis hat es nun mit diesem Pilzbuch „Schwammerlsuche in Bayern"?
Ich will dies kurz erläutern:
Dieses Pilzbuch ist also primär ein Pilzführer für den Speisepilzsammler, der wissen will, welche in unseren bayerischen Wäldern, Wiesen und Gärten vorkommenden Pilze essbar, ungenießbar oder giftig sind.
Die Fotos zeigen die Pilze in ihrer natürlichen Umgebung.
In den meisten Pilzbüchern finden sich neben den häufigen und wichtigen Speise- und Giftpilzen noch viele weitere Pilzschönheiten, die den klassischen Speisepilzsammler weniger interessieren oder es finden sich in vielen großen Standardhandbüchern eine Reihe von Pilzen, die in unserer Gegend bzw. in Bayern nicht oder fast nicht vorkommen.
Die Chance mit dem vorliegenden Buch bei Betrachtung der Naturfotos sowie der sorgfältig erstellten ausführlichen Beschreibung einen unbekannten Pilzfund zu bestimmen ist hier sehr groß, da ja „nur" die Großpilze beschrieben sind, die in Bayern mehr oder weniger häufig vorkommen.

Besonderes Augenmerk wurde auf die bei unsicheren Funden besonders wichtige Rubrik „Verwechslung" gelegt. Diese Rubrik mit charakteristischer Beschreibung der Verwechslungspilze ist das „A und O" eines guten Pilzbuchs!

Neben den verschiedenen deutschen Volksnamen der Pilze sind nachrichtlich die aktuellen wissenschaftlichen Namen erwähnt, die sich meist aus der aktuellen Fassung des Index Fungorum ergeben. Die aktuell gültigen Synonyme wurden beigefügt.
Es hat einmal ein Pilzkundler treffsicher gesagt: „Die wissenschaftlichen Namen ändern sich jährlich, die deutschen dagegen sich aber nur von Region zu Region."

Das Buch behandelt nur Arten, die ohne Mikroskop bestimmt werden können. Auf Angaben zu Form und Größe der Sporen wurde deshalb verzichtet.
Die Pilze können aufgrund der naturgetreuen Fotos sowie durch sorgfältiges Studium der ausführlichen Beschreibung sicher bestimmt werden. Der Speisewert der einzelnen Pilze wurde nach den aktuellen wissenschaftlichen Erkenntnissen beschrieben.
Die Angabe der Farbe des Sporenpulvers (vgl. „Einleitung") kann im Zweifelsfall eine Bestimmung zusätzlich absichern oder abklären. Bei einem Pilzfund z.B. mit braunem Sporenpulver kann es sich keinesfalls um einen Knollenblätterpilz handeln, der nämlich ein weißes Sporenpulver aufweist.
Im „ungeklärten" Zweifelsfall helfen die eingerichteten ehrenamtlichen Pilzberatungsstellen weiter, die im Internet erfragt werden können.
Es versteht sich von selbst, dass der Buchtitel „Schwammerlsuche in Bayern" nicht bedeuten kann, dass die hier beschriebenen Pilze nur in in unserer bayerischen Heimat wachsen.
Sie gibt es natürlich nicht nur in Bayern, sondern zum größten Teil z.B. auch im Vogtland, Thüringen, in Nordrhein-Westfalen, im Schwarzwald oder in der Lausitz. Die in diesem Buch beschriebenen 159 Pilze findet man in unterschiedlicher Häufigkeit auf sauren, neutralen, schwach bis stark kalkhaltigen Böden in ganz Deutschland.

Abschließend möchte ich mich beim geschäftsführenden Gesellschafter des Battenberg-Gietl Verlags, Herrn Josef Roidl für das große Verständnis und die unterstützende Hilfe bedanken.
Vielen Dank auch den Pilzsachverständigen Werner Jurkeit, Fraunberg/Erding, Hubert Seidl, Weiden i.d.OPf. und Helmut Zitzmann, Hainsacker für die Durchsicht des Manuskripts und viele wertvolle Ratschläge und Hinweise.
Weiterhin großen Dank schulde ich dem Präsidenten der Bayer. Mykologischen Gesellschaft, Dr. Christoph Hahn für die Überprüfung und Korrektur der aktuellen wissenschaftlichen Namen (sind für den Laien/Hobbymykologen nicht so wichtig, gehören aber mal zu einem aktuellen guten Plzbuch) sowie für wertvolle Anregungen und Korrekturhinweise.
In diesem Zusammenhang möchte ich mich insbesondere bei meiner Frau für das erfolgreiche Korrekturlesen dieses Buches bedanken, aber auch für die Tatsache, dass sie über Jahrzehnte für die zahlreichen Pilzberatungen, Pilzführungen und mykologischen Tagungen für unzählige Stunden auf mich verzichten musste.
Dieses nach aktuellen pilzkundlichen Erkenntnissen erstellte Pilzbuch könnte jedoch auch für fortgeschrittene Pilzler, manchem „Pilzcoach" oder auch Pilzsachverständigen (PSV) als handliches Nachschlagewerk von Nutzen sein. Man kann ja auch bei gängigen Pilzen „nicht alles im Kopf haben."

Ich wünsche dem Leser viel Erfolg und Freude beim Schwammerlsuchen, der spannenden, jedoch erholsamen „Jagd des kleinen Mannes"! Vielleicht ist dieses Pilzbuch bei der Bereicherung des „Speisepilzzettels" sowie bei manchen Unklarheiten eine kleine Hilfe, mich würd's freu'n.

Antonius behüt
Ihr Norbert Griesbacher

Korb mit Steinpilzen
(Boletus edulis agg.*)*
die exakte Art ist nicht ersichtlich

Der große Arzt Paracelsus tat schon im 16. Jahrhundert den berühmten Ausspruch:

„Allein die Dosis macht's, dass ein Ding kein Gift sei."

Wie recht Paracelsus hat!

Es wird vorsorglich (!) empfohlen Pilze (gilt nicht nur für Steinpilze, Rotkappen und Pfifferlinge) nicht wiederholt und in größeren Mengen zu verzehren.
In einem nachgewiesenen Einzelfall im Jahr 2013 in Polen ist ein 57jähriger Mann an Rhabdomyolysis (Zerstörung der quergestreiften Muskulatur) nach Verzehr von Steinpilzen und Rotkappen erkrankt (vgl. Pilzvergiftungen, S. 23).

Grußwort

Pilze – sie sind wahrhaft wundersame Wesen. Der Wald war erst wie leergefegt, doch nach einem Regenguss sind sie plötzlich da, manchmal zu Hunderten, manchmal zu Tausenden. So schnell wie sie kamen, verschwinden sie manchmal auch wieder. Keine Wurzeln, kein Spross, einfach nichts mehr, was man nun finden könnte? Sieht man jedoch genau hin, vielleicht mit einer Lupe bewaffnet, so wird man sie vielleicht erkennen, die feinen Fäden, die den Boden durchwachsen und aus denen der eigentliche Pilz besteht. Fachleute nennen dieses Geflecht Myzel. Fadenwesen ist daher ein guter Ausdruck für diese so ganz eigenen Wesen.

Was der Schwammerlsucher finden möchte, sind natürlich nicht die Pilze selbst, also die Fäden im Boden oder Holz, sondern die Fruchtkörper. Und hier entdeckt man plötzlich eine schier unglaubliche Vielfalt. 10.000 (Groß)Pilzarten für Deutschland sind keine unrealistische Schätzung – und viele sind noch nicht einmal wissenschaftlich beschrieben, sind also bis dato unbekannt. Unterschiedliche Formen, Farben und Größen, von zart und filigran bis hin zu hart und grobschlächtig, Lamellen, Röhren, Stacheln, Gerüche nach Marzipan, Kokosflocken, Stachelbeerkompott oder unangenehm nach Aas und Schlimmerem – all das wird dem Pilzfreund begegnen.

Als Pilzsammler sollte man sich dieser großen Vielfalt immer bewusst sein. Zu jedem Pilz, der in einem Pilzbuch abgebildet wird, kann es weitere, im Buch nicht behandelte, ähnliche Arten geben. Manchmal sind die Doppelgänger eben noch gar nicht bekannt. Und mancher als harmlos geltender Pilz stellte sich später als giftig oder ungesund heraus. Was bedeutet das für den Sammler, der gerne neben einem gesunden und entspannenden Waldspaziergang später am Abend die kulinarischen Freuden des Hobbies Pilze genießen möchte? Es ist eigentlich recht einfach: bei dem leisesten Verdacht, dem geringsten Zweifel, auf die Mahlzeit verzichten (bzw. zum Pilzberater gehen). Wir müssen uns zum Glück nicht mehr aus dem Wald ernähren. Das zweifelhafte Vergnügen, einige Stunden zu hoffen, dass keine Vergiftungserscheinungen auftreten, sollte man sich und seinem Umfeld ersparen. Es ist auch nicht nötig, Sammelrekorde aufzustellen, um dann nicht zu wissen, wohin mit der ganzen „Beute". Meist ist weniger mehr – man kann auch mit wenigen Fruchtkörpern ein ganz besonderes Rezept ausprobieren. Manchmal schmeckt ein raffinierter Pilztoast besser als ein ganzer Topf voller Röhrlinge in Sahnesauce. Statt das Grundbedürfnis der Ernährung zu erfüllen, wird das Hobby Pilzesammeln so zu einer lukullischen Entdeckungstour durch das Reich der Fadenwesen.

Dafür, dass diese Reise unfallfrei bleibt, wird dieses Buch sicher einen großen Beitrag leisten. Es möge dazu dienen, dass einerseits ein gesunder Respekt vor Giftpilzen immer im Hinterkopf verbleibt, dass aber andererseits die eine oder andere essbare und wohlschmeckende Art sicher erkannt wird. Norbert Griesbacher, ein erfahrener und exzellenter Pilzkenner und Mykologe, hat hierfür ganz bewusst die häufigsten und zudem meist leicht kenntlichen Speisepilzarten ausgewählt. Aus seinem reichhaltigen Erfahrungsschatz entspringen die Beschreibungen der Merkmale und auch die Hinweise auf mögliche Verwechslungen. Beides sollte unbedingt aufmerksam studiert und mit den eigenen Funden verglichen werden. Dann wird aus dem schönen Hobby des Pilzesammelns kein ungesundes oder tödliches. Dies wünsche ich von Herzen allen Nutzern und Lesern dieses Pilzbuchs. Und noch viel mehr wünsche ich, dass dieses Buch dazu dienen wird, die Natur mit anderen Augen zu erfassen, die Vielfalt des Lebens in unseren Wäldern bewusst wahrzunehmen und sich einfach von der Freude an den Pilzen anstecken zu lassen, die den Autor auch dazu antrieb, dieses Buch zu verfassen.

Dr. Christoph Hahn
Präsident der Bayerischen Mykologischen Gesellschaft e.V.

Geschichtliches

Nach den Algen und Bakterien gehören die Pilze zu den ältesten Organismen.

Wir wissen, dass schon im griechischen Altertum Pilze auf dem Speisezettel standen. Der Dichter Euripides (484 bis 406 v. Chr.) berichtet, dass in einem Fall eine Mutter, deren beide Söhne und eine Tochter einer Pilzvergiftung zum Opfer fielen. Über die tödlichen Gefahren von manchen Pilzen war damals offensichtlich noch nicht viel bekannt. Auch die „alten Römer" liebten Pilze. Kaiserlinge, Steinpilze und Trüffel gehörten am römischen Kaiserhof zu den Delikatessen. Von dem bekannten römischen Naturgelehrten Plinius dem Älteren (23 – 79 n. Chr.), Verfasser einer Enzyklopädie der Naturgeschichte, stammt der Ausspruch: „Ach, welche Gier nach zweifelhafter Speise". Damit meinte er nicht die am Kaiserhof aufgetischten leckeren Kaiserlinge, Steinpilze und Trüffeln sondern vielmehr die von der Bevölkerung sorglos gesammelten und verzehrten Pilze, deren Kostversuch nicht selten mit dem Leben bezahlt werden musste.
So ist es zwischenzeitlich ziemlich sicher, dass Agrippina ihren Gatten, Kaiser Claudius durch ein Pilzgift (vermutlich durch Fliegenpilze) im Jahre 54 n. Chr. ermorden ließ.
Die Römer glaubten noch, dass die Pilze das Gift aus der Umgebung aufnehmen würden, so z.B. von rostendem Eisen, faulenden Substanzen und Schlangen, die das Gift den Pilzen einhauchten. Im 17. Jahrhundert hatte man noch die Meinung, dass Schwämme und Trüffel „weder Pflanzen noch Tiere sind, sondern nichts anderes als eine überflüssige Feuchtigkeit der Erde, der Bäume, der Hölzer und anderer faulender Dinge, die am häufigsten durch Regen und Donner entstehen". Der italienische Naturwissenschaftler Della Porta (1539 – 1615) hat erstmals im Jahre 1588 Pilzsporen entdeckt. Diese Entdeckung geriet jedoch in Vergessenheit. Durch die Entwicklung der ersten „richtigen" Mikroskope im späten 17. Jahrhundert war es möglich den feingliedrigen Aufbau der Pilze zu studieren und damit auch Erkenntnisse über die Fortpflanzung der Pilze zu sammeln. Der Florentiner Botaniker Pier Antonio Micheli (1679 – 1773) fand bei der Suche nach den „Blüten" der Pilze Pilzsporen, die dann auch als Fortpflanzungseinheiten gedeutet wurden. Wegen seiner bahnbrechenden Entdeckungen bei Pilzen gilt Micheli als „Vater der Mykologie". Neben zahlreichen in- und ausländischen Wissenschaftlern, die sich in der Nachfolgezeit um die Erforschung der Pilze verdient gemacht haben, sei hier insbesondere stellvertretend für viele Naturgelehrte der schwedische Botaniker Elias Magnus Fries (1794 – 1878) erwähnt, der als erster ein System zur Klassifikation der Pilze entwickelt hat und mit dem Mykologen Chr. H. Persoon als Vater der modernen Mykologie gilt.

Fliegenpilze
(Amanita muscaria)
giftig

Was ist ein Pilz?

Ich könnte mir vorstellen, dass bei einer allgemeinen Umfrage in der Bevölkerung, was denn nun unter einem Pilz zu verstehen sei, viele Leute große Schwierigkeiten hätten.
Ein Pilz ist eine eigenständige Art von Lebewesen, das – im Gegensatz zu den grünen Pflanzen – kein Blattgrün (Chlorophyll) besitzt, eine andere Ernährung aufweist als die (grünen) Pflanzen und sich durch Sporen verbreitet.
Sporen sind in der Regel kleiner als Samen und man benötigt zwei verschieden geschlechtliche Sporen zur Fruchtkörperentwicklung.Pilze gehören mit den Moosen, Farnen und Flechten zu den „Sporenpflanzen" oder Kryptogamen (d.h. zu den „Pflanzen, die im Verborgenen heiraten").
Früher reihte man die Pilze in das Reich der Pflanzen ein. Die Zellwände der Pflanzen bestehen aus Cellulose. Die Zellwände der meisten Pilze bestehen dagegen aus der chemischen Verbindung Chitin – wie bei den Insekten und Krebsen.
Die bekannte schwere Verdaulichkeit von Pilzen ist auf dieses Chitin zurückzuführen.
Heute ist das Reich der Pilze (FUNGA) neben dem Reich der Pflanzen (FLORA) und dem Reich der Tiere (FAUNA) ein eigenständiges Reich von eigenständigen Organismen.
Blütenpflanzen wachsen mit Hilfe des Blattgrüns, des Sonnenlichts, der Luft (Kohlendioxyd) sowie Wasser mit Mineralsalzen, ernähren sich demnach von anorganischen Stoffen (autotroph).
Pilze haben dagegen kein Blattgrün und ernähren sich deshalb wie Mensch und Tier von organischen Stoffen, d.h. von vorhandenen organischen Verbindungen, sind also heterotroph.
Pilze wachsen unterirdisch. Das was wir als Pilz essen, ist nur seine Frucht. Der Pilz besteht aus einem Geflecht feiner wurzelähnlicher Fäden, dem Myzel. Das Pilzgeflecht breitet sich oft über mehrere Quadratmeter aus. Einige Arten werden über 100 Jahre alt. Das Myzel ernährt sich von abgestorbenen organischen Substanzen, wie z.B. Laub, Nadelstreu, Holz und in vielen Fällen auch von „Nahrungsspenden" ihrer Wirtsbäume. Wenn man einen Apfelbaum mit einem Pilz vergleicht, so ist der Apfelbaum das unsichtbare Fadengeflecht und der Apfel der sichtbare Pilz!

Einteilung nach der Ernährung

- Die größte Gruppe bilden die Fäulnisbewohner oder Humuspilze, die „Allesfresser". Ihr Myzel lebt im Waldboden, auf und in abgestorbenen pflanzlichen oder tierischen Stoffen.
  Hierzu gehören z.B. auch unsere Riesenschirmlinge (Parasol, Safranschirmling) und unsere Stockschwämmchen. Sie sind die Müllbeseitigung im Wald; diese Pilze verwandeln das abgestorbene Holz (Zweige, Äste, Nadel- und Laubstreu, Baumstümpfe) wieder zu Humus, der den nachwachsenden Bäumen wieder zur Verfügung steht.
  Diese „Allesfresser" sind also sehr nützlich, weil sie den gesamten Abfall im Wald, z.B. die Nadeln, das Laub, die abgefallenen Zweige und die Baumstümpfe „auffressen". Man kann auch sagen: Pilze ernähren sich wie die Menschen und die Tiere mit „Fertignahrung".Gäbe es von heute auf morgen keine Pilze mehr, hätten wir in kürzester Zeit keine Lebensgrundlage mehr. Meterhoch würde sich herabgefallenes Laub und abgestorbenes Holz auf dem Waldboden auftürmen; die Bäume und Pflanzen könnten höchstens noch so lange wachsen, bis alle Nährstoffe aufgebraucht wären. Die Sauerstoffproduktion würde eingestellt werden, und das wäre es dann gewesen. Und Tschüss ... wenn es nicht die Pilze gäbe.
- Die zweite Gruppe sind die Schmarotzerpilze oder Parasiten. Diese „Räuber", befallen lebende Pflanzen und bringen diese zum Absterben z.B. der Hallimasch, der Sparrige Schüppling oder der Schwefelporling.
- Die dritte Gruppe, die Mykorrhiza-Pilze, Baumbegleitpilze oder Partnerpilze sind „Brüder" der Bäume. Das Pilzmyzel umgibt die feinen Baumwurzeln und hilft dem Baum Wasser und Nährstoffe aufzunehmen.
  Das feine Fadengeflecht erhöht die Fähigkeit der Wurzeln Wasser festzuhalten. Damit wird die Aufnahmefähigkeit der Wurzeln für Wasser und die darin gelösten Nährstoffe gesteigert.
  Für diesen Liebesdienst erhält der Pilz vom Baum von seinen überschüssigen Nährstoffen, insbesondere Zucker (Kohlenhydrate).In dieser Lebensgemeinschaft (Symbiose) helfen sie sich gegenseitig. Man könnte also auch sagen, diese Pilze sind mit den Bäumen „verheiratet".
  Hierzu gehören unsere klassischen Speisepilze wie Steinpilze, Rotkappen, Birkenpilze, Goldröhrlinge, Pfifferlinge usw.

Pilze – für die Natur unersetzlich

- Sie zersetzen totes Holz und führen es damit wieder in den Kreislauf der Natur zurück.
- Sie leben in enger Gemeinschaft mit vielen höheren Pflanzen, insbesondere mit den heimischen Waldbäumen als „Mykorrhiza-Pilze" in einer Wurzelsymbiose und fördern das gesunde Wachstum des Waldes.

Man kann also allgemein sagen: „Ohne Wald keine Pilze", aber auch „ohne Pilze kein Wald." Der giftige Fliegenpilz ist für den Wald ebenso nützlich und wichtig wie die von den Menschen so begehrten Steinpilze oder Pfifferlinge. Selbst hochgiftige Pilze können für einen Baum lebenswichtig sein.

Gesetzliche Schutzmaßnahmen

Pilze stehen unter dem Schutz des Naturschutzgesetzes

Das Naturschutzgesetz sagt nicht, dass man Pilze nicht sammeln darf. Das Gegenteil ist der Fall: Die Bayerische Verfassung garantiert in Artikel 141 jedermann das Recht, „sich in der freien Natur zu bewegen und wildwachsende Feld- und Waldfrüchte in ortsüblichem Umfang zu sammeln."

Dieses Recht hat jedoch auch verständliche Grenzen: Es ist verboten

– Pilze ohne vernünftigen Grund zu pflücken oder zu zerstören (Art. 15 Abs. 1 des Bayer. Naturschutzgesetzes) sowie

– Pilze in einer über das ortsübliche Maß hinausgehenden Menge zu sammeln (Art. 141 Abs. 3 Satz 1 der Bayer. Verfassung).

Man sollte also die Pilze nicht nach ihrer Eignung für den Kochtopf betrachten, sondern bedenken, dass die Pilze vielfältige Aufgaben zum Nutzen des Waldes und der Menschen leisten.

Die Natur kennt bekanntlich keinen Unterschied zwischen „nützlich" und „schädlich". Jedes Lebewesen – dazu zählen auch Pilze – haben grundsätzlich das gleiche Recht auf ein eigenes Dasein.

Aus der Erkenntnis, dass die Pilze ein wichtiges Glied im Haushalt der Natur sind und Pilze auch unter Naturschutz stehen, sollte nachfolgender Grundsatz beachtet werden: „Mit Pilzen, die man selbst nicht sammelt oder vermeintlich giftig sind, spiele man nicht „Fußball", sondern lasse sie stehen." Dies gilt insbesondere für die wunderschönen Fliegenpilze. Jedes Kind weiß, dass Fliegenpilze giftig sind und dass man sie nicht isst aber sie helfen dem Wald genauso beim Wachstum wie andere Pilze.

Pilze unter Bundesartenschutz

Semmel- und Schafporlinge, Grünlinge (zwischenzeitlich kein Speisepilz mehr) sowie die „echten" Trüffeln (Tuber-Arten) sind nach der Bundesartenschutzverordnung (BArtSchV) besonders geschützt, d.h. sie dürfen auch nicht „in geringen Mengen" für den eigenen Bedarf gesammelt werden.

Fichtensteinpilze, Rotkappen, Birkenpilze, Milchbrätlinge, Pfifferlinge und Morcheln sind ebenfalls durch die BArtSchV besonders geschützt. Die Tatsache, dass der häufige Fichtensteinpilz, dagegen der weitaus seltenere Kiefernsteinpilz nicht geschützt ist, ist allerdings für mich ein Rätsel!

Die vorstehend aufgeführten Speisepilze dürfen jedoch durch eine Ausnahmeregelung „in geringen Mengen" für den eigenen Bedarf gesammelt werden. Die Pilze dürfen also nicht verkauft bzw. für die Gastronomie gesammelt werden.

In den österreichischen Bundesländern Kärnten, Salzburg und Tirol darf z.B. nur eine Höchstmenge von 2 kg/tgl. pro Person gesammelt werden.Auch in Baden-Württemberg oder in Nordrhein-Westfalen gelten regional unterschiedliche Höchstmengen von 1 – 2 kg pro Tag und Person. Die Einhaltung dieser Höchstmengen wird überwacht, bei Überschreitungen sind deftige Bußgelder fällig.

In Italien und in der Schweiz bestehen ebenfalls erhebliche Einschränkungen. In Bayern gibt es derzeit keine konkreten amtlichen Vorgaben über die zulässigen Mengen beim Privatgebrauch. Offensichtlich will man in Bayern die große Zahl von „Schwammerlsuchern" nicht „vergraulen". Eine konkrete Überwachung dieses hochbeliebten Volkssports wäre mit „viel Ärger" verbunden und wäre ohnehin nur schwer durchführbar.

Richtig Pilze sammeln

Ausrüstungsgegenstände: Robuste Kleidung und Schuhwerk, fester Korb und ein Messer (womöglich mit kl. Bürste). Wenn möglich, Korb mit Deckel, damit beim Durchstreifen von Unterholz nicht die abgestreiften Nadeln das Sammelgut „verschmutzen". Bei einem üblichen Sammelkorb sollte man das Sammelgut mit einem Tuch abdecken.
Plastikbeutel sind unter allen Umständen zu vermeiden, da die sehr wasserhaltigen Pilze weiteratmen und ohne Luftumwälzung schwitzen, was leicht am Beschlagen des Beutelinneren festgestellt werden kann. Die dabei entstehende Wärme beschleunigt die Verwesung, das empfindliche Eiweiß zersetzt sich, d.h. die Pilze werden giftig.

Die wichtigste Regel für den Schwammerlsucher ist wohl die, dass es keine allgemein gültige Regel für das Erkennen von Giftpilzen gibt. Der alte Volksglaube, wonach giftige Pilze beispielsweise einen silbernen Löffel schwarz färben, bei Verletzung blau anlaufen oder etwa von Tieren gemieden werden, ist lebensgefährlich! **Hauptregel: Sammle nur, was Du einwandfrei und genau mit Namen und Merkmalen erkennst.** Es gilt der Grundsatz: Lieber einer zu viel weggeworfen, als einer zu wenig. Bei unsicherem Kenntnisstand sollte ein modernes aktuelles Pilzbuch zu Rate gezogen werden. Bitte nicht nur das Foto betrachten, sondern auch die zugehörige Beschreibung sorgfältig studieren!

Der sichere Kenner darf seine Schwammerln ganz unten am Stiel abschneiden. Dadurch wird das Myzel nicht beschädigt. Die oft geäußerte Ansicht, dann „faule die Wurzel" ist völlig abwegig. Jeder nicht geerntete Pilz fault bis an die „Wurzel", genauer ausgedrückt bis zum Bodengeflecht, das dadurch keinen Schaden nimmt. Pilze, die Sie noch nicht kennen, nicht abschneiden, sondern unter Zuhilfenahme eines Messers vorsichtig „aus dem Erdboden heben". Bei der häufig empfohlenen Alternative, dem „Herausdrehen" der Pilze, besteht die Gefahr, dass z.B. bei einem Knollenblätterpilz die Scheide im Erdreich verbleibt, so dass ein wichtiges Erkennungsmerkmal fehlt und so u.U. eine Fehlbestimmung erfolgt. Die hinterlassenen Bodenöffnungen sollte man zur Vermeidung der Austrocknung des Myzels wieder zudrücken. Pilze, die man kennenlernen will, sammle man getrennt von den Speisepilzen (möglichst 1 altes und 1 junges Exemplar), wickle sie in ein Butterbrotpapier oder Alufolie (auch eine verschlossene Dose eignet sich gut) und achte auch auf die umgebende Flora (Bäume, Sträucher sowie auf bekannte Bodenanzeigerpflanzen). Die „umgebende Flora" ist oftmals bei der Bestimmung von ausschlaggebender Bedeutung.
Zu Hause, sollten die Pilze – sofern sie nicht sofort zubereitet werden – luftig und kühl gelagert werden.

Ein sehr wichtiges Bestimmungsmerkmal ist die Sporenpulverfarbe. Hierzu einige Erläuterungen: Die Sporen sind mikroskopisch kleine „Samen" der Pilze. Nur in angehäufter Form können wir sie als feinen Staub sehen.Die Sporenpulverfarbe bei Pilzen variiert von weiß, gelb, rosa, rotbraun, braun bis schwarz mit unzähligen Zwischentönungen. Die Farbe des Sporenpulvers ist bei den einzelnen Pilzarten mehr oder weniger konstant und damit auch für den Speisepilzsammler in einzelnen Zweifelsfällen von klärender Bedeutung. Die Gewinnung von Sporenstaub ist recht einfach: Man nimmt einen Pilz, schneidet den Stiel ab und legt den Pilzhut mit dem Stielstumpf auf ein weißes Blatt Papier, stülpt eine Tasse oder einen Becher über den Pilzhut um den Pilz vor schneller Austrocknung sowie unerwünschten Luftbewegungen zu schützen. Man erhält dann in ca. 1 – 2 Stunden einen Abdruck durch den herausfallenden Sporenstaub. Die Farbe dieses Sporenstaubs kann in einem kritischen Einzelfall auch dem Speisepilzfreund helfen, die Pilzart zu bestimmen oder zumindest einen vermeintlichen giftigen Doppelgänger ausschließen.
Im Zweifelsfall hilft die nächstgelegene Pilzberatungsstelle mit „Rat und Tat". Die Beratung durch die eingerichteten ehrenamtlichen Pilzberatungsstellen ist grundsätzlich kostenlos.

Ein Tipp für Naturliebhaber

Sofern man (versehentlich) einen alten madigen Pilz abgeschnitten hat, sollte der Hut waagrecht auf einem Ast „aufgespießt" werden. Dadurch kann er optimal aussporen und man leistet hierbei einen wertvollen Beitrag zur Arterhaltung und Verbreitung dieser Pilzart.

Nach dem Aufnehmen der Pilze beginnt im Wald sofort die Vorreinigung:

- Säubern der Stielbasis vom Schmutz
- geringfügiger Madenfraß wird ausgeschnitten (desgl. Schneckenfraß)
- schmierige Huthaut wird abgezogen
- soweit der Stiel schmierig ist (z.B. bei Schleimfüßen oder dem Kuhmaul) wird der Schleim abgeschabt
- durch Längshalbierung wird festgestellt, ob der Pilz madig ist (dies ist besonders zu empfehlen bei Röhrlingen, Täublingen, Champignons, Reifpilzen und Perlpilzen)

Täublingsregel

Alle als Täublinge erkannten Pilze sind, soweit roh mild oder nur leicht schärflich schmeckend essbar! Täublinge dürfen „probiert werden!" „Probieren" heißt in der Pilzsprache „ein winziges Stückchen auf der Zungenspitze testen und anschließend ausspucken". Dieses winzige Stückchen sollte – vorsorglich – von den Lamellen auf der Hutunterseite entnommen werden. Was sind denn nun „Täublinge"? Täublinge sind „Hutpilze" verschiedenster Farben mit weißen bis ockergelben, spröden und brüchigen (Ausnahme: insbes. der Frauentäubling) Lamellen (daher „Sprödblättler"), ohne Hutreste, ohne Ring bzw. Manschette, ohne Milchsaft mit „glattem" Bruch des zylindrischen Stiels („Täublingsknacks", weil kugelige Zellen!).

Weitere Regeln für das Sammeln und Zubereiten von Pilzen:

- Vertraue keinem sog. „Pilzkenner", es sei denn, über dessen Zuverlässigkeit und Sachkenntnis bestehen keine Zweifel (z.B. Pilzberater).
- Nicht mehr sammeln, als man verwenden kann. Möglichst bei trockener Witterung und nicht nach Frösten sammeln.
- Nur Pilze sammeln, deren Größe das Mitnehmen lohnt, d.h. z.B. junge „Knöpfe" von Pfifferlingen bleiben draußen.
- Alte „Veteranen" dürfen stehen bleiben. Tipp: Wenn sich der Stiel ohne Kraftaufwand zusammendrücken lässt, dann ist der Pilz für den Kochtopf nicht mehr geeignet und man überlässt ihn am besten dem Waldboden; auch angefressene, angefaulte und matschige Stücke sollte man ignorieren. Sie werfen noch viele Sporen ab und die Kleintierwelt freut sich.
- Pilze sollten grundsätzlich nie roh verzehrt werden! Sie sind meist unbekömmlich oder sogar giftig! In kleinen Mengen ist nach alter Tradition ein Rohgenuss von nachfolgenden Pilzarten erlaubt: Steinpilz, Wiesenchampignon (nicht Anischampignon), Milchbrätling, Mohrenkopf-Milchlinge, Zitterzahn sowie der seltene Ziegenfuß-Porling; letzterer ist jedoch besonders geschützt und darf nicht gesammelt werden.
- Dränge niemandem ein Pilzgericht auf, wenn eine Abneigung dagegen besteht.
- Vermeide zu häufige Pilzgerichte aus gilbenden Champignons (z.B. Anisegerlinge) wegen pilzspezifisch bedingter Anreicherung des giftigen Schwermetalls Cadmium (Cd).
- Nicht wahllos alle Pilze mitnehmen und dem Pilzberater zur „Sortierung" vorlegen.

Pilzberater sind keine Sortierer und haben sicherlich keine Freude daran, eine Unmenge von „zusammengerafften" Pilzen in „essbare" und „nicht essbare" Bereiche aufzuteilen.

Außerdem: Wer wahllos Pilze einsammelt, schadet der Natur. Viele Pilze würden sich als ungenießbar erweisen und in den Mülleimer wandern. Sie können dann ihre Sporen nicht mehr ausstreuen.

Verarbeitung

Grundsatz: Je „wässriger" ein Pilz ist, desto leichter verdirbt er.

Nach Rückkehr von der Pilzexpedition sollten die Pilze aus den Körben genommen werden, flach ausgebreitet und luftig sowie kühl (Keller oder Kühlschrank) gelagert werden. Lagerung sollte 24 Stunden in der Regel nicht überschreiten (Ausnahme: Pfifferlinge dürfen länger gelagert werden). Pilze sollten möglichst bald verarbeitet oder gegessen werden.

Danach erfolgt die Sortierung. Unbekannte Pilze sollten im Zweifelsfall lieber weggeworfen werden. Anschließend sollten die Pilze von Wurmstellen befreit und in Streifen geschnitten werden. Eine bessere Aromaentfaltung und bessere Verdaulichkeit wird erreicht, wenn die einzelnen Streifen nicht länger als 3 – 4 cm sind. Pilze sollten grundsätzlich nicht gewaschen werden! Anschließend die Pilze sofort garen (kochen, dünsten, braten); das Pilzgericht muss in 10 – 15 Minuten (bei großer Hitze) fertig sein. Bei längerem Kochen oder Braten werden die Pilze nur noch härter. Der Mythos „Pilzreste darf man nicht mehr aufwärmen" ist überholt und stammt aus einer Zeit, wo es noch keine Kühlschränke gab. Wichtig ist, dass das Pilzgericht nicht bei Zimmertemperatur aufbewahrt wird. Das rasch abgekühlte Pilzgericht kann einen bis höchstens zwei Tage im Kühlschrank aufbewahrt werden.

Beim Aufwärmen ist darauf zu achten, dass der Speiserest bei einer Mindesttemperatur von 70 ° C gut erhitzt wird. Die Speisereste sollten nur einmal und nicht mehrmals aufgewärmt werden. Bei erneutem Erwärmen könnte es – bei dem sehr empfindlichen Pilzeiweiß – zum Eiweißabbau durch Bakterien oder Pilzenzyme kommen. Die unangenehmen Folgen wären Übelkeit und Brechdurchfall.

Weitere Voraussetzung: Rasche Abkühlung der Speisereste (= am besten Gefäß in kaltes Wasser stellen und öfters umrühren) und anschließend in den Kühlschrank. Außerdem können Reste von Pilzgerichten auch eingefroren werden. Auch in diesem Fall soll das Abkühlen und anschl. Tiefgefrieren sehr rasch vor sich gehen.

Pilze in der Ernährung

Pilze sind kalorienarm und nährstoffreich
Pilze sind Eiweißträger, die alle wichtigen Aminosäuren (kleine Bausteine des Eiweißes) enthalten.Das Eiweiß (1,5 – 6 %) kann jedoch nicht voll (ca. 75 %) ausgewertet werden, weil es in den Zellen eingeschlossen ist und daher den Verdauungssäften nur schwer zugänglich ist.
Die unverdaulichen Chitinstoffe (die Wände der Pilzzellen, die sog. Hyphenwände sind aus dem im Reich der Käfer bekannten Chitin) sind nicht zu verachten, da sie die Darmtätigkeit anregen. Pilze enthalten außerdem Mineralien wie Phosphor, Natrium, Kalium, Calcium, Eisen, Mangan, Selen und die Vitamine D, E, B1, B2, B6, C und nicht zuletzt das für unseren Organismus so wertvolle Lecithin.
Ätherische Öle verleihen den Pilzen den typischen, einmaligen Geschmack.
Pilze haben einen Wasseranteil von 80 – 90 %. Der Energiewert der Pilze ist sehr niedrig und liegt zwischen 20 und 30 Kilokalorien pro 100 g Pilze. Pilze sind daher – fettarme Zubereitung vorausgesetzt – auch als „Schlankheitskost" gut geeignet. Der Fettgehalt von Pilzen liegt unter 1 %! „Schlankheitsapostel" lieben Pilze, da sie absolut energiearm sind. Da sie bekanntlich nicht leicht verdaulich sind, bleiben sie lange im Magen liegen und man behält dadurch auch länger das Gefühl des Sattseins.

Nicht zuletzt: Pilze wirken auf Magen und Darm reinigend und entschlackend!

Konservierungsmöglichkeiten

Diese Frage stellt sich, wenn manchmal der „Schwammerlsegen" größer ist als der Kochtopf. Ein paar Scheiben getrockneter Pilze geben z.B. jeder Bratensauce erst den pikanten Geschmack.

Trocknen:

Pilze nicht waschen, putzen, in Scheiben (ca. 4 – 5 mm) schneiden; dickere Scheiben trocknen schwer, dünnere brechen leicht. Die Pilze können auf Blech oder Packpapier in der Sonne (am besten Pilzscheiben mehrmals wenden), auf dem Kachelofen, auf einem Heizkörper im Backofen oder im Dörrapparat getrocknet werden (Türe einen Spalt öffnen, Temperatur zwischen 30 und 50° C). Anschließend sind die rascheltrockenen Pilze in gut verschließbaren Schraubgläsern oder Dosen trocken und kühl aufbewahren und so viele Jahre haltbar.

Bei der Verwendung werden die Pilze kurz gewaschen und 2 – 3 Stunden eingeweicht. Dieses Wasser kann zur Zubereitung des Pilzgerichts verwendet werden. Soweit nur gewürzt wird, können die Pilze direkt in die Soße gegeben werden.

Gut zum Trocknen geeignet sind vor allem Steinpilze und alle Röhrlinge, Champignons, Täublinge, Stockschwämmchen, Herbsttrompeten, Rauchblättrige Schwefelköpfe, Semmelstoppelpilze, Morcheln sowie die Krause Glucke. Das Trocknen der Krausen Glucke wird besonders empfohlen. Der Pilz schmeckt nach späterem Einweichen wie frisch und kann auch so zubereitet werden.

Ungeeignet zum Trocknen sind: Tintlinge, Boviste und Pilze, wenn sie witterungsbedingt viel Wasser aufgenommen haben. Eine Trocknung von Pfifferlingen kann nicht empfohlen werden, da sie sehr hart und zäh werden. Getrocknete Pfifferlinge in Pulverform sollen dagegen einen würzigen Geschmack besitzen.

Einfrieren:

Die modernste, häufigste und einfachste Haltbarmachung ist das Einfrieren. Prinzipiell sollten alle Pilze vor dem Einfrieren erhitzt werden! Beim „Blanchieren" (4 – 5 Minuten in kochendem Wasser) leidet die Konsistenz (sie werden „flutschig") und ein Teil des Aromas geht mit dem Blanchierwasser verloren.

Empfehlung: Die geschnittenen Pilze – ohne Würzung – werden unter hohen Temperaturen ca. 10 Minuten in Wasser angedünstet. Dadurch werden Bakterien, Insekteneier und ähnliches sowie arteigene Enzyme unwirksam gemacht, die eine rasche Eiweißzersetzung hervorrufen könnten. Gedünstete Pilze sollten ebenso wie die Reste von Pilzgerichten so rasch wie möglich abgekühlt werden. Als Verpackungsmaterial eignen sich Plastikbeutel und –dosen. Etwa 5 Stunden nach dem Einfriervorgang genügen -18° C als Dauertemperatur. In Haltbarkeitstabellen ist für Pilze als mögliche Lagerdauer „einige Monate bis zu einem Jahr" angegeben.

Ein besonderes Auftauen ist nicht erforderlich, ja nicht erwünscht. Im Gegenteil: Die eingefrorenen Pilze sollten schon in angetautem Zustand erhitzt werden, um Bakterienwachstum zu unterbinden. Die Pilze können also gefroren in den Kochtopf kommen.

Grundsätzlich gilt: Pilze, die während des Auftauens eigenartig und nicht „typisch pilzig" riechen, müssen vernichtet werden!

Auf die Methode des Einweckens (Sterilisieren) wird hier nicht weiter eingegangen, da sie nur mehr in geringem Umfang genützt wird.

Getrocknete Pfifferlinge

Lieblingspilzgerichte des Autors

Steinpilze mit Sahne

2 Eßl. Pflanzenöl

50 g Butter

1 Knoblauchzehe

1 Messerspitze gemahlener Kümmel

200 g Sahne

etwas Weißwein

Salz, Pfeffer, gehackte Petersilie oder Thymian

Die Steinpilze putzen und in etwa 5 mm dicke Scheiben schneiden.

Zuerst das Öl in einer großen Pfanne erhitzen. Die Butter, die Pilze und die ganze geschälte Knoblauchzehe dazugeben.

Bei mittlerer Hitze braten bis die Pilze fast gar sind.

Die Knoblauchzehe entfernen, mit dem gemahlenen Kümmel würzen (alternativ auch mit ungemahlenem Kümmel) und die Sahne mit dem Weißwein unterrühren.

Alles etwas einkochen lassen, mit Salz und Pfeffer abschmecken.

Zum Schluß mit Petersilie oder Thymian bestreuen.

Dazu gibt es – nach Lust und Laune – Spaghetti, Tagliatelle, Fettucine oder Makkaroni oder – ebenfalls sehr lecker – Dotsch.

Dieses „Pilzschmankerl" schmeckt natürlich nicht nur mit Steinpilzen, sondern auch mit jeglicher Art von Mischpilzen!

Morcheln überbacken

250 g gut gewaschene Morcheln

1 Eßl. Butter, Salz, ½ Zitrone, 2 Eier,

1 Eßl. geriebener Parmesankäse oder Gouda,

2 Eßl. Creme fraiche, 1 Eßl. gehackte Petersilie

Die grob zerteilen Morcheln in der Butter mit wenig Salz 5 Minuten schmoren, dann in eine feuerfeste Auflaufform geben und mit dem Zitronensaft beträufeln.

Die übrigen Zutaten verrühren und über die Pilze verteilen.

Den Backofen auf 200 Grad vorheizen und goldbraun überbacken.

Dazu schmeckt Reis oder Weißbrot!

Guten Appetit!

Wusstes Sie übrigens dass ...

- ein im Malheur National Forest im Bundesstaat Oregon / USA im Jahr 2000 entdeckter Hallimasch *(Armillaria ostoyae)* der bislang größte bekannte Pilz und gleichzeitig das größte Lebewesen der Erde ist? Seine Ausdehnung beträgt ca. 9 km^2, sein Gewicht wird auf ca. 600 t und sein Alter auf ca. 2400 Jahre geschätzt –
- es allein in Bayern fast rund 5000 verschiedene Arten von höheren Pilzen gibt? Das sind doppelt so viele wie alle Blumen, Gräser, Bäume und Sträucher zusammen –
- die Sporen des Riesenbovistes aneinandergereiht halb um die Erde reichen (ca. 20.000 km!), obwohl auf jeden mm bereits 220 Stück treffen?
- es noch niemandem gelungen ist zu beweisen, dass die Pilze bei zunehmendem Mond besser wachsen? Sämtliche über viele Jahre gemachte Studien belegen dies. Entscheidend ist letztlich Wärme und Feuchtigkeit –
- ein mittelgroßer Blätterpilz in der Stunde bis zu 100 Millionen Sporen abwirft?
- ein alter Steinpilz im Laufe einiger Tage mehrere Milliarden Sporen abwerfen kann?
- ein einziger Baum mit bis zu 100 Pilzarten gleichzeitig in Wurzelsymbiose leben kann?
- die Pilzhyphen in einem Teelöffel Walderde eine Länge von einigen Kilometer lang sind?
- in Pflanzen, die mit Pilzen in einer Wurzelsymbiose leben, doppelt so viel lebensnotwendiger Stickstoff und Phosphor zu finden ist wie in Exemplaren, die allein mithilfe ihrer eigenen Wurzeln im Erdreich saugen?
- der Fliegenpilz deshalb Fliegenpilz heißt, weil er früher zur Fliegenbekämpfung verwendet wurde? Sein Gift (Ibotensäure, Muscazon) lockt Fliegen an und hat zugleich für Fliegen und Insekten eine betäubende Wirkung. Heute gilt der volkstümliche und jedermann bekannte Pilz häufig als „Glücksbringer" –
- der Steinpilz im Mittelalter vom einfachen Volk nicht gegessen werden durfte? Die Bauern mussten die Steinpilze bei ihren Herren den Grafen, Fürsten, Königen abliefern. Die Steinpilze waren also den „Herren" vorbehalten. In Österreich sagt man zum Steinpilz heute noch „Herrenpilz" –
- 500 Sporen (10 µm) eines Pilzes genau so lang sind wie ein einziges Kümmelkorn (5 mm).

Pilzvergiftungen

Die wichtigste Regel für den Schwammerlsucher ist wohl die, dass es **keine** allgemein gültige Regel für das Erkennen von Giftpilzen gibt. Der alte Volksglaube, wonach giftige Pilze beispielsweise einen silbernen Löffel schwarz färben, bei Verletzung blau anlaufen oder etwa von Tieren gemieden werden, ist **lebensgefährlich!**

Auch Fraßspuren von Schnecken, Käfern oder Maden geben keine Auskunft über die Genießbarkeit durch den Menschen. Bekanntlich gehören Giftpilze auch zum Nahrungsspektrum von Hasen, Rehen und Wildschweinen.

Die wichtigste Regel lautet also:
Sammle nur, was Du einwandfrei und genau mit Namen und Merkmalen erkennst!

Vergiftungssyndrome (Vergiftungstypen)

Nachfolgend in Kürze die wichtigsten Vergiftungssyndrome bei Pilzvergiftungen:

Wegen der zentralen Bedeutung der oft tödlich verlaufenden Knollenblätterpilzvergiftung soll diese hier etwas ausführlicher behandelt werden.

Knollenblätterpilzvergiftung

(Phalloides-Syndrom, Amanitin-Syndrom)
- tödlich giftig -
Ursächlich für ca. **95 %** (!) aller tödlich verlaufenden Pilzvergiftungen sind die Knollenblätterpilze (Grüner, Weißer und Kegelhütiger Knollenblätterpilz).
Neben den Knollenblätterpilzen kommen hier insbesondere der Gifthäubling sowie eine Reihe von kleinen Schirmlingen infrage.
Bei dem **Gift** handelt es sich um hitzestabile Peptide sog. Amanitine, die die Kerne der Leberzellen zerstören. Amanitine sind also Lebergifte!
Es kommt zu einer Blockierung der Proteinsynthese, der Eiweißstoffwechsel der Zelle bricht zusammen und damit kommt es zum Zelltod.
Die tödliche Dosis für einen Erwachsenen liegt bei etwa 0,1 mg (!) Amanitin je kg Körpergewicht; diese Menge kann bereits in 5 – 50 g Frischpilzen enthalten sein.
Die **Latenzzeit** liegt zwischen 6 und 24 h, meist 8 – 12 h (gelegentlich auch unter 6 Stunden).
Das verzögerte Eintreten der ersten Vergiftungssymptome ist für Knollenblätterpilzvergiftungen charakteristisch und diagnostisch von besonderer Bedeutung.
Sofern neben Knollenblätterpilzen auch andere giftige Pilze verzehrt wurden (Mischintoxikation) treten die ersten Vergiftungssymptome bereits innerhalb von 2 Stunden auf.
Symptome: Erbrechen und choleraähnliche wässrige, später blutige Durchfälle, Leberschädigung, Störung der Blutgerinnung, Gelbsucht, in schweren Fällen auch Nierenversagen, Leberkoma
Labor: Sinkender Quickwert, ansteigende Transaminasen sowie Bilirubin und Kreatinin
Therapie: Flüssigkeitszufuhr, Aktivkohle, Silibinin (Wirkstoff der Mariendistel), N-Acetylcystein.
In schweren Fällen hilft oftmals nur mehr eine Lebertransplantation.
In leichteren Fällen kommt es nach entsprechender Behandlung zu einer langsamen, meist vollständigen Regeneration der Leber und damit zu einer vollständigen Genesung.

Kegelhütige Knollenblätterpilze

Pilzvergiftungen

Gyromitrin-Syndrom

- tödlich giftig -

Vorwiegend: Frühjahrs- oder Giftlorchel, Riesenlorchel
Pilzgift: Gyromitrin, Monomethylhydrazin
Latenzzeit: 6 – 24 Stunden
Symptome: heftige Brechdurchfälle, akutes Nierenversagen, Leberschädigung
Die Giftlorchel ist ein gefährlicher Giftpilz, der tödliche Vergiftungen auslösen kann.
Das Gift betrifft die Nieren und das Zentrale Nervensystem.
In früheren Jahren, abgekocht oder getrocknet, als Speise- und Marktpilz geschätzt.
Jeglicher Handel ist in Deutschland verboten.

Orellanus-Syndrom

- tödlich giftig -

Hauptsächlich: Orangefuchsiger und Spitzgebuckelter Raukopf
Pilzgifte: Orellanin, Orellin
Latenzzeit: 2 Tage bis 3 Wochen
Symptome: ähnlich wie bei Knollenblättervergiftung; Durst, Nierenschmerzen, akutes Nierenversagen
Dieses Syndrom wurde erst nach einer Massenvergiftung in Polen im Jahr 1952 entdeckt.
Therapie: nach Bedarf ist eine Hämodialyse durchzuführen. In schweren Fällen ist an eine Nierentransplantation zu denken.

Muscarin-Syndrom

Ursächlich: Risspilze, weiße Trichterlinge, Rettichhelmlinge
Pilzgift: Muscarin (Nervengift)
Latenzzeit: 15 Minuten bis 2 Stunden
Symptome: Starker Schweiß, Speichel- und Tränenfluss, verlangsamter Puls, tiefer Blutdruck, enge Pupillen, Brechdurchfälle
Behandlung: intramuskuläre oder intravenöse Injektionen von Atropin

Pantherina-/Fliegenpilz-Syndrom

Ursächlich: Panther-, Fliegen-, Königsfliegenpilz, Narzissengelber Wulstling (?)
Pilzgift: Ibotensäure, Muscimol (Nervengift)
Latenzzeit: 15 Minuten bis 4 Stunden
Symptome: Rauschzustand, Halluzinationen, weite Pupillen, rascher Puls, hoher Blutdruck, selten: enge Pupillen, langsamer Puls, tiefer Blutdruck, Haut feucht kühl, Speichelfluss
Behandlung: Aktivkohle, Abführmittel

Coprinus-Syndrom, Acetaldehyd-Syndrom

Pilzarten: Grauer Faltentintling, Spechttintling, Stachelschuppiger Schirmling (unbekanntes Toxin); nur toxisch mit Alkohol
Pilzgift: Coprin (Kreislauftgift), Corpin hemmt den Alkoholabbau auf der Stufe des Acetaldehyds
Latenzzeit: wenige Minuten bis 1 Stunde in Verbindung mit Alkohol
Symptome: unter Hitzegefühl Rötung von Gesicht, Hals, Nacken und Brust, Schweißausbrüche, Prickeln in Armen und Beinen, Atemnot, Schwindel
Es handelt sich hier um die Auswirkungen einer Acetaldehydvergiftung. Vergiftungsanzeichen nur in Verbindung mit Alkohol bis zu 3 Tagen vor oder nach der Mahlzeit (1 Glas Bier genügt).
Die Vergiftungserscheinungen klingen meist nach 2 – 4 h ohne Nachfolgen wieder ab.

Paxillus-Syndrom

(Immunhämolyse)
Ursächlich: Kahler Krempling (Massenpilz)
Gift: unbekanntes Antigen (eher Nahrungsmittelallergie)
Latenzzeit: 15 min – 2 h (nach vorausgegangenen häufigen Pilzmahlzeiten)
Symptome: Brechdurchfälle, Bauchschmerzen, Blutfarbstoff im Urin, Gelbsucht, Niereninsuffizienz, Nierenversagen
Behandlung: Aktivkohle, ev. Hämodialyse

Equestre-Syndrom

Auslösender Pilz: Grünling
Gift: unbekanntes Myolysin
Latenzzeit: 24 – 72 Stunden
Symptome: Rhabdomyolyse (Muskelgewebezerfall), Muskelschwäche, Muskelschmerzen besonders in den Oberschenkeln, brauner Urin, Nierenversagen
Zwischen 1992 und 2000 wurden aus Frankreich 12 Vergiftungen nach wiederholtem Genuss von Grünlingen gemeldet. Drei Patienten starben an Herz- und Nierenversagen.
Der Grünling wird vom Fachausschuss Pilzverwertung und Toxikologie der Deutschen Gesellschaft für Mykologie in der Liste der Giftpilze aufgeführt.

Morchella-Syndrom

Pilzarten: alle Morchelarten, Böhmische Verpel
Gift: unbekanntes Nervengift
Latenzzeit: ca. 12 Stunden
Symptome: Neurologische Störungen, z. B. Zittern, Taubheitsgefühl, Sehstörungen, Gleichgewichtsstörungen
Diese Symptome können nach dem Verzehr einer reichlichen Mahlzeit frischer Morcheln auftreten. Nach ca. 12 Stunden ist meist der unangenehme Spuk vorbei!

Gastrointestinales Syndrom

(Magen-Darmbereich betreffend)
Die bekannteren Arten sind: z.B. Karbolegerling, Bruchreizker, Riesenrötling, Tiger-Ritterling, Schönfußröhrling, Satansröhrling, Bauchwehkoralle, Grünblättriger Schwefelkopf, Kartoffelboviste
Gifte: unterschiedliche, teilweise unbekannte Giftstoffe
Latenzzeit: 15 Minuten bis 4 Stunden
Symptome: Übelkeit, Erbrechen, Durchfall, Bauchschmerzen, auch mitunter Angstzustände, Schweißausbrüche oder Schock, in schweren Fällen Muskelkrämpfe
Dieses Syndrom beinhaltet alle Pilzvergiftungen, bei denen Störungen des Magen-Darm-Trakts im Vordergrund stehen; wohl das weitaus am häufigsten auftretende Syndrom.

Vergiftungen durch rohe Pilze

Zu dieser Gruppe gehören viele Pilze, die gut gekocht oder gebraten in der Regel schadlos gegessen werden können, im rohen oder ungenügend gegarten Zustand jedoch giftig sind.
Pilze sollten also in der Regel nicht roh verzehrt werden!
Pilzarten: z.B. Perlpilz, Grauer Wulstling, Scheiden-Streiflinge, alle Röhrlinge mit orangeroten Farben an Poren und Stiel, Totentrompete, Schild-Rötling, Semmel-Stoppelpilz, Rotkappen, Parasol, Maronen-Röhrling, Kahler Krempling, Hallimasch
Die unterschiedlichen hitzelabilen Giftstoffe werden erst durch gründliches Erhitzen (15 Minuten kochen oder braten) unschädlich gemacht.
Latenzzeit: 15 Minuten bis 24 Stunden
Symptome: Übelkeit, Bauchschmerzen, Erbrechen und Durchfall; in einigen Fällen wurden allerdings auch Symptome registriert, die auf eine Hämolyse hindeuten.

Speisepilze – ev. Probleme bei reichlichem, wiederholtem Genuss

Der berühmte im 16. Jahrhundert lebende Arzt Paracelsus hat einmal – in verkürzter Form – gesagt: „Die Dosis allein macht das Gift" - „Dosis sola facit venenum" - .
Diese Erkenntnis hat auch noch in der heutigen Zeit besondere Bedeutung.
In der neueren Literatur (2013) wird von einem Fall berichtet, bei dem ein 57-jähriger Mann wiederholt größere (!) Mengen von zubereiteten Steinpilzen und Rotkappen gegessen hat. Hier zeigten sich 2 Tage nach der letzten Mahlzeit eindeutige Erscheinungen einer sog. Rhabdomyolyse.
Symptome: Muskelschwäche, starke Muskelschmerzen, insbesondere in den Oberschenkeln
Für uns Pilzfreunde heißt dies, „Qualität" vor „Quantität", also nicht zu viele Pilze sammeln und vor allem nicht in kurzen Abständen größere Mengen Pilze „verschmausen".

Radioaktive Belastung der Schwammerln

Radioaktivität in Wildpilzen

Die bayerischen Waldböden sind nach über 30 Jahren nach dem Reaktorunfall von Tschernobyl am 26.04.1986 immer noch radioaktiv belastet.

Die Belastung von Wildpilzen ist sowohl von der Cäsium-137 (Cs-137)-Konzentration in der Umgebung des Pilzgeflechts (Myzel) als auch vom speziellen Anreichungsvermögen der jeweiligen Pilzart abhängig. Das radioaktive Cs-137 ist relativ langlebig und stabil bei einer Halbwertszeit von etwa 30 Jahren.

Maronenröhrlinge, Semmelstoppelpilze, Trompetenpfifferlinge nehmen hier beispielsweise eine negative Spitzenstellung ein, während z.B. Steinpilze und Pfifferlinge nur eine geringe Belastung aufweisen.

Die Nuklearmaterial mit sich führenden Regenfälle in der ersten Maiwoche 1986 fielen in Nordbayern wesentlich geringer aus als in Südbayern (z.B. südlich der Donau und Bayer. Wald).

Der von der Strahlenschutzkommission bestätigte EG-Grenzwert, der den Import und die Verkehrsfähigkeit von Lebensmitteln regelt liegt bei 600 Becquerel/kg (Bq/kg) Frischgewicht.

Es ist kaum bekannt, dass das Bundesinnenministerium schon in den 60er Jahren Radioaktivitätsmessungen von Pilzen durchführte.

So lag bei den Maronenröhrlingen der Durchschnittswert der Jahre 1966/67 **bei 623 Bq/kg** (!) für das Radionuklid Cs-137.

Grund: die oberirdischen Kernwaffenversuche der Großmächte.

Beachtliche Werte also bereits vor Tschernobyl, wenn man an den EG-Grenzwert von 600 Bq/kg denkt!

Die Stadt Weiden i.d.OPf. lässt seit vielen Jahren – im jährlichen Rhythmus – gesammelte Speisepilze (Wildpilze) beim Landesuntersuchungsamt für das Gesundheitswesen bzw. Bayerischen Landesamt für Gesundheit und Lebensmittelsicherheit in Oberschleißheim hinsichtlich der radioaktiven Belastung untersuchen.

Die vom Landesuntersuchungsamt gemessenen Werte lagen mehr als deutlich (!) unter den EG-Höchstwerten!

Das Landesuntersuchungsamt Nordbayern stellte z.B. 2001 und 2002 im Rahmen eines Umweltmonitorings abschließend fest: „Gegen übliche Verzehrgewohnheiten bestehen somit keine Einschränkungen und Einwendungen."

Ein praktisches Beispiel einer groben Näherungsrechnung

Wenn ein(e) Schwammerlfreund(in) in Nordbayern in einem Jahr z.B. 4 Portionen à 250 g Maronenröhrlinge (also 1 kg) mit dem z.B. in den letzten 15 Jahren im Weidener Großraum gemessenen höchstem radioaktivem Belastungswert (Cs-137) verzehrt hätte, dann entspräche dies einem Belastungswert von ca. 1/700 (!) der durchschnittlichen natürlichen Strahlenbelastung von ca. 2,1 Millisievert (mSv) = 210 Millirem (mrem).

Warum können Maronenröhrlinge deutlich radioaktiv belastet sein und Steinpilze nur geringfügig ?

Maronenröhrlinge enthalten die Farbstoffe Badion A und Norbadion A, die aus der inhaltlichen Xerocomsäure entstehen. Diese Farbstoffe binden Kalium, das vom chemisch verwandten radioaktiven Cäsium-137 (Cs-137) verdrängt wird.

Steinpilze enthalten kein Badion A sowie Norbadion A und reichern daher Cs-137 kaum an!

Die natürliche Strahlenbelastung setzt sich zusammen aus: Strahlung von Nahrung, terrestrischer und kosmischer Strahlung sowie schwergewichtig durch die Einatmung von Radon-Zerfallsprodukten. Anders ausgedrückt: erst bei einem Verzehr von ca. 700 kg (!) Maronenröhrlingen pro Jahr mit der gemessenen Höchstwertbelastung wird eine Dosis erreicht, die der durchschnittlichen jährlichen Radioaktivitätsdosis pro Person aus natürlichen Quellen entspricht.

Die durchschnittliche radioaktive Belastung incl. Belastung aus künstlichen Quellen (z.B. CT, Röntgen) liegt bei ca. 400 mrem, in der Region Oberpfalz teilweise bei 700 – 800 mrem, ursächlich durch das Edelgas Radon.

In Südbayern werden laut Jahresbericht 2016 des Bayerischen Landesamts für Gesundheit (LGL) bei Maronenröhrlingen gebietsweise immer noch Höchstwerte von ca. 1200 Bq/kg (Mittelwert: ca. 300 Bq/kg) gemessen.

Bei einem Verzehr von jährlich ca. 1 kg (analog obigem Beispiel) Maronenröhrlingen mit einem Höchstwert von 1200 Bq/kg würde sich hier ein Wert von ca. 1/175 (!) der durchschnittlichen jährlichen natürlichen Strahlenbelastung errechnen.

Ein weiterer Vergleich: Bei einem 4stündigen Flug in 10 000 m Höhe (z.B. Ziel Kanarische Inseln) liegt die Strahlenbelastung bei ca. 2 mrem.

Das entspräche in etwa einem Verzehr von 1,5 kg Maronenröhrlingen mit einem Belastungswert von 1000 Bq/kg (!) Frischgewicht!

Nach einer Empfehlung des Bundesministeriums für Umwelt sollte man wöchentlich nicht mehr als 250 g Wildpilze verzehren, größere Mengen nur ausnahmsweise.

Gut zu wissen

Abschließend noch einige Anmerkungen für „besonders Vorsichtige", die der plausiblen Meinung sind," die geringste Belastung ist schon zu viel."

- Bei einem Versuch an Studenten der Uni Erlangen hat man festgestellt, dass 90 % des über gilbende Egerlinge aufgenommenen giftigen Schwermetalls Cadmium (Cd), wieder ausgeschieden wird, weil der Magen-Darm-Trakt die aus Chitin bestehenden Pilzzellenwände nur zum geringen Teil „cracken" und damit verwerten kann.
  Ähnliche Reaktionen vermutet man auch beim Cäsium (Cs)!
- Der größte Teil des radioaktiven Cs wird durch Blanchieren (Abbrühen) beseitigt. Die Zellen platzen, der Zellsaft tritt mit dem radioaktiven Cs aus.
  Das Kochwasser wird weggeschüttet.
- Auch ein Kochen oder Schmoren der radioaktiv belasteten Pilze in stark gesalzenem Wasser bringt eine gewisse „Entseuchung" mit sich, weil das Cs während des Kochens gegen die im Wasser gelösten Natriumionen ausgetauscht wird.
  Ein italienisches Forschungsteam fand vor einigen Jahren heraus, dass beim Kochen von radioaktiv belasteten Teigwaren in 10%igem Salzwasser das Cs zu 93 – 96 % ausgespült wurde.
- Man hat zwischenzeitlich herausgefunden, dass sich in den Maronenröhrlingen das radioaktive Cs-137 in deutlichem Umfang in den Hutfarbstoffen Badion A und Norbadion A befindet.
  Man könnte demnach durch Abschälen (Abziehen geht schlecht) der Huthaut die radioaktive Belastung deutlich verringern.

Die verschiedenfarbig markierten Hauptgruppen

Röhrenpilze haben an der Hutunterseite eine Röhrenschicht, die sich leicht vom Hut lösen läßt. Schwammerlfreunde sagen oft, die haben unten ein „Futter"!

Die hier behandelten **Blätterpilze** besitzen auf der Hutunterseite Blätter oder Lamellen. Das Fleisch ist bei diesen Pilzen nicht spröde, wie z.B. bei den Täublingen und Milchlingen.

Täublinge sind farbvariable Blätterpilze, mit weißen bis gelben, meist splitternden Lamellen („Sprödblättler"). Stiele brechen ohne faserige Reste – ähnlich beim Bruch einer Karotte. Sie besitzen keinen Stielring und keinen Milchsaft.

Milchlinge sind – wie Täublinge – Sprödblättler, d.h. die Lamellen sowie das Fleisch sind spröde bzw. brüchig. Der Stiel läßt sich – ähnlich einer Karotte – ohne faserige Reste brechen. Milchlinge sind verletzt milchend (Täublinge besitzen keine Milch).

Leistlinge und Pfifferlinge besitzen auf der Hutunterseite keine Lamellen, sondern herablaufende Leisten oder aderige/runzelige Strukturen.

Bauchpilze (Stäublinge, Boviste) haben keinen Hut und Stiel, vielmehr eine „bauchige" Form, meist kugelig oder flaschen- bzw. birnenförmig.

Bei den aus Hut und Stiel bestehenden **Morcheln** ist der Hut wabenartig gekammert mit glattem Stiel. **Lorcheln** besitzen ebenfalls einen Hut und Stiel, der Hut ist hirnartig gewunden, der Stiel faltig, grubenförmig gerunzelt oder gefurcht.

Sonderformen und Raritäten

Symbole bei den Artbeschreibungen

essbar

bedingt essbar

ungenießbar / kein Speisepilz

Die Wertung „essbar" bezieht sich immer auf erhitzte, also z.B. gebratene oder gekochte Pilze. Bitte auf die Erläuterungen im Text (**Wert**) achten. Grundsätzlich sollten Pilze nicht roh verzehrt werden!

giftig / giftverdächtig

tödlich giftig

geschützt

Diese Pilzarten sind nach der Bundesartenschutzverordnung (BArtSchV) besonders geschützt, „dürfen **jedoch in geringen Mengen für den eigenen Bedarf** der Natur entnommen werden."

Sammeln verboten

Diese Pilzarten sind nach der Bundesartenschutzverordnung (BArtSchV) besonders geschützt und dürfen **nicht** gesammelt werden. Verkauf und Handel sind hier verboten.

Fichtensteinpilz
(Boletus edulis)
essbar

Kiefern-Steinpilz, Rothütiger Steinpilz

Boletus pinophilus

Hut: 6 – 20 cm, jung halbkugelig bis polsterförmig, wenig verflachend, samtig bis kahl, rot- bis purpurbraun, meist charakteristisch runzelig-höckerig, dickfleischig. **Poren:** anfangs weißlich, alt olivgelb. **Stiel:** bis 15 cm lang, bis 4 cm dick, bauchig bis keulenförmig, rötlichbraun, mit an der Spitze weißlichem, ansonsten hellbräunlichem, feinem Netz, Stielbasis weißlich. **Fleisch:** weiß, unter der Huthaut blassweinrötlich, im Schnitt nicht verfärbend, Geruch unauffällig, Geschmack mild. **Sporenpulver:** olivbraun. **Vorkommen:** Mai bis Oktober in sandigen Nadelwäldern, meist unter Kiefern, im Gebirge auch unter Fichten. **Wert:** sehr guter Speisepilz, ähnlich dem Fichtensteinpilz.

Verwechslung: mit dem nah verwandten Fichtensteinpilz (S. 29) sowie mit dem meist unter Eichen und Buchen wachsenden Sommer-Steinpilz (s. re).

Sommer-Steinpilz, Eichen-Steinpilz

Boletus aestivalis
Syn.: *Boletus reticulatus* ss. auct.

Hut: 6 – 30 cm, jung halbkugelig, dann polsterförmig, weißlich, grau-, hellbraun bis rötlichbraun, feinfilzig („wildlederartig"), bei Trockenheit oft felderig aufreißend. **Poren:** weiß, später gelbgrünlich. **Stiel:** bis 15 cm lang, bis 6 cm dick, jung bauchig, später zylindrisch bis bauchig, hellbraun, meist typisch bis zur Stielbasis mit einem weißen, im Alter bräunlichem Netz überzogen. **Fleisch:** weiß, jung fest, nicht verfärbend. Das Fleisch ist etwas weicher und lockerer als bei den anderen Steinpilzen und ist bis unter die Oberhaut rein weiß. Im Gegensatz hierzu ist das Fleisch beim Fichten- und Kiefern-Steinpilz unmittelbar unter der Huthaut +/– rotbräunlich durchgefärbt. **Sporenpulver:** dunkel olivbraun. **Vorkommen:** der Sommer-Steinpilz erscheint (wie der Kiefern-Steinpilz) schon ab Mai, vorwiegend bei Eichen und Buchen. **Wert:** sehr guter Speisepilz. Geschmack mild, schmeckt oft etwas süßlich.

Verwechslung: Fichtensteinpilz (S. 29) und Gallenröhrling (S. 30).

Fichten-Steinpilz, Steinpilz

Boletus edulis

Hut: 5 – 25 cm, jung halbkugelig, dickfleischig polsterförmig, jung weißlich bisweilen einem „Stein" (Name!) ähnlich, dann hellbraun bis kastanienbraun, glatt, feucht schwach schmierig, trocken glänzend, meist mit schmalem weißen Rand. **Poren:** jung weiß, später gelb bis olivgrünlich, auf Druck nicht verfärbend. **Stiel:** bis 15 cm lang, bis 8 cm dick, weißlich, zylindrisch bis bauchig, stets im oberen Teil, selten komplett mit feinem Netz überzogen. **Fleisch:** weiß, jung fest, nie blauend, unter der Huthaut bräunlich-rotbräunlich durchgefärbt, Geruch angenehm pilzig, Geschmack mild, nussartig. **Sporenpulver:** olivbraun.

Vorkommen: Juli bis Oktober im Nadelwald, vorwiegend unter Fichten, seltener im Laubwald (insbes. hier unter Buchen), auf +/– sauren Böden. **Wert:** sehr guter Speisepilz, beliebtester Marktpilz. Er eignet sich zu jeder Verwendung und lässt sich leicht trocknen. Leider schmeckt er den Maden, Käfern und Schnecken ebenso gut. Es wird empfohlen Steinpilze nicht wiederholt und in größeren Mengen zu verzehren (siehe Seite 23)!

Verwechslung: mit bitterem Gallenröhrling (S. 30), Sommersteinpilz und Kiefernsteinpilz (S. 28), nicht leicht mit dem äußerst (!) seltenen Satanspilz (S. 39).

Gallen-Röhrling, Bitterling

Tylopilus felleus

Hut: 5 – 15 cm, jung halbkugelig und feinfilzig, dann konvex-polsterförmig, +/– glatt und glänzend, bei Trockenheit feinfelderig-zerrissen, beige, reh- bis dunkelbraun, bisweilen olivbraun. **Poren:** fein, weißlich, mit Sporenreife sich typisch zunehmend rosa bis rosabraun verfärbend, auf Druck bräunlich, im Alter sind die Röhren auffällig polsterförmig hervorgewölbt. **Stiel:** bis 12 cm lang, bis 4 cm dick, zylindrisch – keulig, oft bauchig erweitert, blassockerlich bis olivbraun, an der Spitze heller, mit einem dunklen, grobmaschigen, erhabenen olivbräunlichen Netz überzogen. **Fleisch:** weiß, kaum madig, Geruch angenehm, Geschmack jedoch „gallenbitter" (Name!). **Sporenpulver:** rosabräunlich. **Vorkommen:** Juni bis Oktober meist auf sauren, nährstoffarmen Böden in Nadelwäldern (im Laubwald selten) unter Fichte und Kiefer, häufig. Der Gallen-Röhrling wächst auch erstaunlicherweise in Trockenperioden, in denen es kaum Röhrlinge gibt. **Wert:** ungenießbar, da „gallenbitter"! Ein einziger Pilz genügt um ein Pilzgericht zu verderben! Zumindest bei Genuss von größeren Mengen kann es möglicherweise zu unangenehmen Magen-Darm-beschwerden (z.B. Völlegefühl, Erbrechen, Durchfall oder sogar Bauchkoliken) kommen. Andererseits wird berichtet, dass dieser Pilz mitunter von Personen, die den Bitterstoff nicht wahrnehmen, regelmäßig ohne Schaden verspeist wird. Schnecken z.B. mögen Gallenröhrlinge!

Verwechslung: der Gallenröhrling ist der klassische Doppelgänger des Steinpilzes (S. 28,29), insbesondere im Jugendstadium, da hier beide Pilze weiße Röhrenmündungen aufweisen. Hier hilft am sichersten die Geschmacksprobe durch Anlecken z.B. am Hutfleisch! Der gelblichbraune bisweilen olivstichige Hut, die rosafarbenen und +/– rostfleckigen Röhren, die bei älteren Fruchtkörpern polsterförmig vorgewölbt sind, das deutlich grobmaschige, dunkle erhabene Netz, sowie der stark bittere Geschmack sind abgrenzende Merkmale des Gallenröhrlings.

Maronenröhrling, Marone

Imleria badia Syn.: *Xerocomus badius*

Hut: 3 – 10 cm, jung halbkugelig, dann polsterförmig verflacht, kastanienbraun, rotbraun bis schwarzbraun, später bisweilen lederbräunlich, jung trocken feinfilzig-samtig, später glatt, feucht schmierig-klebrig. **Poren:** jung weißlich bis gelblich, dann gelbgrünlich, zuletzt schmutzig olivgrünlich, auf Druck meist blauend (nicht immer!) **Stiel:** bis 12 cm lang, bis 4 cm dick, ringlos, zylindrisch, bisweilen +/– dickbauchig, mit etwas helleren Hutfarben, mit bräunlicher Maserung, jedoch kein Netz bildend, oft gekrümmt. **Fleisch:** weiß bis schwach gelblich, nach Anschnitt +/– stark blauend (Blauverfärbung kann auch ausbleiben, insbes. bei ganz jungen Fruchtkörpern), Geruch pilzartig, Geschmack mild, leicht nussartig. **Sporenpulver:** olivbraun. **Vorkommen:** Juli bis November in Nadel- seltener Laubwäldern; insbesondere unter Fichten und Kiefern auf sauren, nährstoffarmen Böden.

Wert: ein sehr geschätzter, dem Steinpilz geschmacklich sehr nahekommender Speisepilz (roh giftig). In der nördlichen Oberpfalz (hier liegen dem Autor definitiv aktuelle Messdaten vor!), höchstwahrscheinlich auch im gesamten Nordbayern bestehen hinsichtlich der radioaktiven Belastung aus dem Super-GAU in Tschernobyl bei normalen Verzehrgewohnheiten keine Einschränkungen (vgl. Ausführungen im Einführungsteil S. 24,25).

Verwechslung: möglich mit folgenden Speisepilzen: Steinpilz (S. 28,29), dem Braunen Filzröhrling (S. 32), der Ziegenlippe, dem Rotfußröhrling (S. 33) oder dem bitteren, schwach giftigen Gallenröhrling (S. 30).

Brauner Filzröhrling, Rotbraune oder Braune Ziegenlippe

Xerocomus ferrugineus Syn.: *Boletus ferrugineus*

Hut: Hut: 4 – 10 cm, polsterförmig gewölbt, jung feinsamtig-filzig, fast wildlederartig, trocken, im Alter glatt und glänzend, Hutfarben sehr variabel von olivbraun, rotbraun bis dunkelbraun, gelegentlich auch +/– grün. **Poren:** eckig, weitporig, zitronengelb bis olivgelb, nicht oder nur schwach blauend. **Stiel:** bis 10 cm lang, bis 3 cm dick, zylindrisch oder sich an der Stielspitze etwas verjüngend, glatt bis stark rippig-netzig, cremefarben, hellbraun bis gelblich, Basalmyzel oft leuchtend gelb. **Fleisch:** im Schnitt weißlich, schwach strohgelblich über den Röhren, bei Anschnitt +/- nicht verfärbend. **Sporenpulver:** olivbraun. **Vorkommen:** August bis Oktober im Laub- und Nadelwald, vornehmlich bei Koniferen und Buchen. **Wert:** guter, festfleischiger Speisepilz, nicht selten.

Verwechslung: häufig mit der nah verwandten ebenfalls essbaren, gleichwertigen, selteneren Ziegenlippe *(Boletus subtomentosus)* mit oft erweiterter Stielspitze, Fleisch im Schnitt im Hut und oberen Stielteil hellgelb bis lebhaft gelb (gelegentlich schwach blauend), in der unteren Stielhälfte rosa bis braunrosa verfärbend, Poren auf Druck +/- blauend, Basismyzel weiß, selten blassgelb. Die Ziegenlippe bevorzugt offensichtlich den Laubwald, wächst jedoch selten bei Buchen.

Rotfuß-Röhrling, Rotfüßchen

Xerocomellus chrysenteron Syn.: *Xerocomus chrysenteron*

Hut: 3 – 10 cm, zuerst halbkugelig, dann gewölbt, jung bisweilen schwarzbraun, später grau-, hell-, gelb-, oliv- bis kastanienbraun, matt, filzig-samtig, bei trockenem Wetter rissig-felderig aufreißend, in den Rissen und an Schneckenfraßstellen meist rötlich (jedoch mitunter fehlend). Im Alter oft vom Kleinsporigen Goldschimmel *(Sepedonium microspermum)* befallen. **Poren:** groß, eckig, gelblich bis olivgelblich, auf Druck grünlich-bläulich. **Stiel:** bis 6 cm lang, bis 2 cm dick, zylindrisch, oft verbogen, weißliche Basis meist zugespitzt, Stielspitze gelb, darunter auf gelblichem Grund meist rhabarberrot oder violettrot feinflockig oder längsgestreift, kann jedoch mitunter fehlend auch gelblich oder bräunlich gefasert sein. **Fleisch:** bald weich, gelblich, unter der Huthaut rötlich, im Schnitt meist schwach blauend (insbes. im Hutfleisch), oft in der Stielbasis weinrot bis rhabarberfarben, Geruch schwach säuerlich, Geschmack säuerlich, mild; ist leider sehr oft madig! **Sporenpulver:** olivbraun. **Vorkommen:** Juni bis November in Laub- und Nadelwäldern auf sauren Böden, in Garten- und Parkanlagen, sehr häufig. **Wert:** mittelmäßiger Speisepilz. Junge, feste Pilze sind als gute „Füllpilze" fur Mischgerichte geeignet.

Verwechslung: mit verwandten Rotfußröhrlingen z.B. dem Herbst-Rotfuß (S. 34) sowie dem Braunen Filzröhrling (S. 32) oder der Ziegenlippe, allesamt essbar. Der giftige Schönfußröhrling (S. 38) hat einen Stiel mit Netz und ist außerdem stark bitter. Es gibt keinen ähnlichen Giftpilz!

Herbst-Rotfuß, Bereifter Rotfuß-Röhrling, Stattlicher Streifspor-Filzröhrling

Xerocomellus pruinatus Syn.: *Boletus pruinatus, Xerocomus pruinatus*

Hut: 3 – 8 cm, jung halbkugelig, lang polsterförmig, alt verflachend und auch mit nach oben gewölbtem Rand, dick- und festfleischig, samtig matt, zeitweise (besonders jung) samtartig bereift, jung meist uneben runzelig-grubig bis nahezu höckerig, später glatt verkahlend, rot-, dunkel-, kastanienbraun, weinrot bis purpurschwarz, Hut selten rissig aufbrechend; am Hutrand ist meist charakteristisch die weinrot gefärbte Unterhaut (Subkutis) sichtbar, ansonsten ist der äußerste Hutrand häufig gelblich gefärbt, Risse in Huthaut zuerst blassgelblich, später rötlich. **Poren:** leuchtend gelb, jung rund und bald mehreckig, auf Druck nur schwach blauend, mitunter bräunend. **Stiel:** bis 8 cm lang, bis 3 cm dick, zylindrisch, oft dickbauchig, jung intensiv gelb, und mit zunehmender Reife – bis auf eine schmale gelbe Zone an der Stielspitze – feinflockig karminrot punktiert (nicht „rhabarberrot", eher auf „warmem Orange" rot geflockt). **Fleisch:** schön gelb, im Schnitt schwach blauend, unmittelbar unter der Huthaut mit charakteristischer dünner roter Linie, Geruch unbedeutend, Geschmack mild.

Sporenpulver: olivbraun. **Vorkommen:** September bis November im Laub- und Nadelwald, aber auch in Garten- und Parkanlagen auf sauren bis neutralen Böden, häufig unter Fichten, Buchen und Eichen. **Wert:** guter kompakter und festfleischiger Speisepilz, weniger madig als der Rotfußröhrling.

Verwechslung: mit verwandten ebenfalls essbaren Rotfußröhrlingen (S. 33). Es gibt hier keinen ähnlichen Giftpilz!

Blutroter Röhrling, Blutroter Filzröhrling

Hortiboletus rubellus Syn.: *Xerocomellus rubellus, Xerocomus rubellus*

Hut: 2 – 7 cm, jung halbkugelig, dann gewölbt kissenförmig, im Alter öfter wellig verbogen, jung feinfilzig-samtig, später mattglänzend, Huthaut etwas auf Röhren übergreifend, Oberfläche rosa-, purpur- bis blutrot (Name!), bei Trockenheit felderig aufreissend, bisweilen die Hüte miteinander verwachsen. **Poren:** lebhaft gelb, später olivgelb, auf Druck blauend. **Stiel:** bis 7 cm lang, bis 1,5 cm dick, zylindrisch, gelb, rot überhaucht oder mit rötlicher Faserung, kein Netz aufweisend, oft an der Stielbasis mit zwei oder mehreren Fruchtkörpern verwachsen, Basis und Myzel chromgelb. **Fleisch:** dick, gelblich, weich, im Schnitt schwach blauend, Geruch schwach obstig, Geschmack säuerlich. **Sporenpulver:** oliv. **Vorkommen:** Juni bis Oktober unter Laubbäumen insbesondere Eichen, Linden, Birken, Hainbuchen; gerne an Waldrändern; als „Kulturfolger" auch in Park-, Friedhofanlagen, Gärten sowie Alleen an grasigen, mineralreichen Plätzen anzutreffen, örtlich häufig. **Wert:** guter Speisepilz.

Verwechslung: möglich mit dem ebenfalls essbaren Rotfußröhrling (S. 33) oder mit rothütigen Formen des essbaren Herbst-Rotfußes (S. 34). Der Blutrote Röhrling hat jedoch einen deutlich rot überhauchten oder geflammten Stiel, außerdem weist das Fleisch in der untersten, zugespitzten Stielbasis meist eine karottenrote Verfärbung auf. Es gibt hier keinen ähnlichen Giftpilz!

Flockenstieliger Hexenröhrling, „Zigeuner"

Neoboletus erythropus Syn.: *Neoboletus luridiformis, Boletus erythropus*

Hut: 5 – 20 cm, beim Jungpilz halbkugelig, dann polsterförmig, später verflachend, dickfleischig, Oberfläche samtig wie Wildleder, alt verkahlend und glänzend, meist dunkelbraun, oft auch haselnuss-, ocker- oder gelbbraun bis rötlich kastanienbraun. **Poren:** klein, ganz jung orange bis gelb, bald dunkelrot, zum Rand hin bisweilen heller, bei Berührung sofort dunkelblau verfärbend, Röhrenboden gelb. **Stiel:** bis 12 cm lang, bis 4 cm breit, zylindrisch bis leicht keulig, auf schwach gelblichem Grund mit feinen orangeroten bis karminroten Flocken überzogen (kein Netzmuster), zur Stielspitze hin mehr gelblich, bei Berührung stark blauend. **Fleisch:** sattgelb, im Schnitt sofort dunkelblau verfärbend. Es handelt sich hier um harmlose enzymatische Oxydationsreaktionen von bestimmten Säuren (Pulvinsäuretyp, hier: Variegat- und Xerocomsäure). Die Verfärbung blasst letztlich wieder zu gelb aus. Das Fleisch unter der Röhrenschicht ist nicht rot (vielmehr gelb), also – im Gegensatz zur „Netzhexe" – auch keine rote Linie im Längsschnitt erkennbar. In der Stielbasis ist das Fleisch bei Insektenbefall bisweilen weinrot verfärbt oder rotfleckig. **Sporenpulver:** olivbraun.

Vorkommen: Mai bis November in sauren Nadel- und Laubwäldern, vorzugsweise unter Fichten und Buchen. **Wert:** der häufige, meist madenfreie, festfleischige Pilz (von Pilzlern oft liebevoll „Flocki" genannt) kommt dem Speisewert des Steinpilzes sehr nahe. Das Fleisch verfärbt sich in der Pfanne erst schwarz und dann wieder gelblich. Da der Pilz roh giftig ist, muss er gut erhitzt werden, dann ist er sehr wohlschmeckend, kann auch gut getrocknet werden.

Verwechslung: der Pilz ist durch den braunen Hut, die +/– orange- bis roten Poren, den Stiel mit den roten Flocken und das stark blauende Fleisch bei Anschnitt gut charakterisiert. Ähnlich ist der ebenfalls essbare, besonders auf kalkhaltigen Böden wachsende Netzstielige Hexenröhrling (S. 37) mit meist gelblich-oliven Hutfarben, einem rotgenetzten Stiel, weinrotem Fleisch in der Stielbasis und einer dünnen orangeroten Pigmentschicht zwischen Hutfleisch und Röhren (sichtbar als feine rote Linie bei Längsschnitt des Hutes).

Netzstieliger Hexenröhrling, „Netzhexe"

Suillellus luridus Syn.: *Boletus luridus*

Hut: 8 – 20 cm, im Jugendstadium halbkugelig, später polsterförmig bis verflacht, dickfleischig, matt, jung fein filzig, alt kahlglänzend und feucht schmierig, an Schneckenfraßstellen rötlich, Hutfarben sehr variabel: braungelblich, ockerbraun, orangebraun bis gelb-olivlich, auch braun bis rotbraun, auf Druck +/– blauend, bisweilen am Hutrand mit rosafarbener Tönung. **Poren:** klein und rundlich, anfangs gelb, bald orange, dann orangerot bis karminrot, auf Druck deutlich blauend, im Längsschnitt charakteristische dünne orangerote Schicht zwischen Hutfleisch und Röhren (also Röhrenboden +/– rot!). **Stiel:** bis 15 cm lang, bis 5 cm dick, jung +/– bauchig, dann meist zylindrisch, obere Hälfte gelb bis orangegelb mit rötlichem bis +/– orangefarbenem groben, weitmaschigen, langgezogenen Netz (Name!) überzogen, Stielbasis weinrot mit zurückgehender Netzzeichnung, auf Druck blauend. **Fleisch:** fest, gelb, in der Stielbasis weinrot, bei Anschnitt blauend, Geruch angenehm säuerlich. **Sporenpulver:** olivbräunlich. **Vorkommen:** Juni bis Oktober in Laubwäldern, in Grün- und Parkanlagen, Gärten, Alleen, Straßenrändern, gerne unter Buchen, Eichen, Linden, Birken auf kalkreichen Böden. In sauren, nährstoffarmen Wäldern fehlend! **Wert:** die „Netzhexe" ist roh giftig! Sie enthält hitzelabile Hämolysine, die beim Kochen zerstört werden. Demnach wichtig: gut erhitzen! Es gibt nach Literatur bei gleichzeitigem Alkoholgenuß eine sehr seltene individuelle Unverträglichkeit (Wirkstoff unbekannt!), andererseits ist bekannt, dass die „Netzhexe" bei einer Reihe von Pilzliebhabern (z.B. aus dem Münchener Raum) als hervorragender Speisepilz geschätzt wird, der sich auch mit Alkohol (z.B. Bier) verträgt. Neuere chemische Untersuchungen bestätigen, dass dieser Pilz kein giftiges Coprin (Folge: bei Alkoholgenuss Azetaldehydvergiftung!) enthält.

Verwechslung: die „Netzhexe" ist bei Beachtung ihrer typischen Merkmale, wie deutlich längsmaschig genetzter Stiel, olivgelblich bis olivbräunlichem Hut sowie dem +/– roten Röhrenboden kaum zu verwechseln. Eine gewisse Ähnlichkeit besteht mit dem essbaren Flockenstieligen Hexenröhrling (S. 36). Dieser in sauren Wäldern häufige Speisepilz hat jedoch einen flockigen und keinen netzigen Stiel sowie keinen orangeroten Röhrenboden. Noch ähnlicher ist der im gleichen Habitat wie die „Netzhexe" vorkommende Kurznetzige Hexen-Röhrling *(Suillellus mendax)* mit nur im oberen Stielbereich rötlicher Netzzeichnung. Es ist noch ungeklärt, ob möglicherweise nur letzterer in wenigen Einzelfällen mit Alkohol Probleme bereiten kann. Der schwach giftige Schönfußröhrling (S. 38) und der äußerst seltene giftige Satansröhrling (S. 39) haben einen deutlich helleren Hut. Der im gleichen Umfeld (z.B. Parkanlagen auf Kalkböden) vorkommende ungenießbare Wurzelnde Bitterröhrling *(Caloboletus radicans)* hat bitteres Fleisch und keinerlei Rottöne.

Schönfußröhrling

Caloboletus calopus Syn.: *Boletus calopus*

Hut: 10 – 20 cm, halbkugelig, polsterförmig, im Alter abgeflacht, jung feinfilzig, später verkahlend, weißlich bis graubraun (Hutfarbe ähnlich Satanspilz). **Poren:** jung hellgelb, später olilvgelb bis olivfarben, auf Druck blauend. **Stiel:** bis 10 cm lang, bis 4 cm dick, Stielspitze gelblich „genetzt", abwärts meist auf ganzer Länge mit rotem, grobmaschigen Netz . **Fleisch:** weißlich bis gelblich, im Schnitt blauend. **Sporenpulver:** olivbraun.

Vorkommen: Juli bis Oktober, auf sauren, nährstoffarmen Böden im Laub- und Nadelwald, bevorzugt unter Fichten und Rotbuchen. **Wert:** bitter und schwach giftig (enthält unbekömmliche Bitterstoffe).

Verwechslung: möglich mit Satansröhrling mit orangeroten Poren (S. 39), mit ungenießbarem Wurzelnden Bitterröhrling *(Caloboletus radicans)* mit keinerlei Rottönen.

Satans-Röhrling, Satanspilz

Rubroboletus satanas Syn.: *Boletus satanas*

Hut: 10 – 25 cm, jung halbkugelig, später polsterförmig und diese Form lange beibehaltend, jung feinfilzig, im Alter kahl und unregelmäßig buckelig-wellig, Farbe von kalkweiß, grauweißlich bis olivgrau (bisweilen einem im Wald liegenden Totenschädel ähnlich). **Poren:** klein, rundlich, jung gelblich, bald orange, dann rot bis dunkelrot, in der Nähe des Hutrands orangerot, auf Druck schwach blauend, alt bisweilen die Poren olivbräunlich getönt. **Stiel:** bis 12 cm lang, bis 8 cm dick, meist sehr dickbauchig, oft breiter als lang, Stielspitze goldgelb, Stielmitte rosa- bis karminrot, oberer Stielteil mit feinem gelblichem bis rötlichem Netz überzogen. **Fleisch:** hart, weiß, im Stiel mitunter auch chromgelb, im Schnitt nur schwach blauend, Geruch anfangs unangenehm süßlich-fruchtig, alt aasartig, Geschmack mild. **Sporenpulver:** olivbraun.

Vorkommen: Juni bis Oktober in wärmebegünstigten Laubwäldern und Parkanlagen auf kalkhaltigen Böden, insbesondere unter Eichen und Buchen, sehr selten. Der Autor hat diesen Pilz in der nördlichen Oberpfalz bisher weder selbst gefunden, noch wurde dieser Pilz ihm in der Pilzberatung jemals vorgelegt! In der südlichen Oberpfalz sind einige wenige Standorte bekannt. **Wert:** roh giftig, nach Erhitzen bei üblicher Zubereitung schwach giftig, erzeugt Magen-, Darmbeschwerden. Tödliche Vergiftungen sind nicht bekannt.

Verwechslung: mit dem giftigen Schönfuß-Röhrling (S. 38) mit gelben Poren und bitterem Geschmack sowie mit dem Flockenstieligen (S. 36) oder Netzstieligen Hexenröhrling (S. 37) mit dunkelbraunem oder gelbbraunem Hut. Das gelbe Fleisch der beiden Hexenröhrlinge verfärbt sich bei Anschnitt sehr schnell dunkelblau.

Porphyrröhrling, Düsterer Röhrling

Porphyrellus porphyrosporus Syn.: *Tylopilus porphyrosporus, Porphyrellus pseudoscaber*

Hut: 5 – 15 cm, jung halbkugelig, dann polsterförmig bis ausgebreitet, dickfleischig, trocken, jung feinfilzig-samtig, später glatt, Huthaut nicht abziehbar, braungrau bis schwarzbraun, bisweilen mit olivbräunlicher Tönung, bei Trockenheit manchmal rissig.**Poren:** eckig, alt weit, hell bis dunkelbraun, bei Druck grünlich, bläulich oder auch rotbräunlich bis schwärzlich verfärbend. **Stiel:** bis 15 cm lang, bis 4 cm dick, zylindrisch, schwach keulig, fein samtig, ohne Netz, im Alter längsfaserig, olivrußbraun (wie von offenem Feuer angeschwärzt!), ockerlich - weiße Stielbasis meist etwas zugespitzt. **Fleisch:** fest, grauweißlich, bei Anschnitt grün, gelblich oder bisweilen rötlich verfärbend, Geschmack bitterlich bis schärflich, Geruch unangenehm, säuerlich-muffig, nach Apotheke. **Sporenpulver:** rotbraun.

Vorkommen: Juli bis Oktober auf sauren Böden im sandigen Bergnadelwald, seltener unter Laubbäumen. Gerne im gleichen Habitat mit dem ungenießbaren Strubbelkopf *(Strobilomyces strobilaceus)* vorkommend. **Wert:** In manchen Pilzbüchern ist der Porphyrröhrling als essbar bezeichnet, jedoch wegen seines mitunter bitterscharfen Geschmacks sowie dem unangenehmen Geruch nicht zu empfehlen.

Verwechslung: der in Gänze düstere Porphyrröhrling kann kaum mit einem anderen Röhrling verwechselt werden. Der an ähnlichen Standorten vorkommende Strubbelkopf hat einen Hut mit dachziegelartig abstehenden Schuppen und einen schlanken, faserschuppigen Stiel.

Sandröhrling, Semmelpilz, Föhrenpilz

Suillus variegatus

Hut: 4 – 10 cm, halbkugelig gewölbt bis polsterförmig verflacht, dickfleischig, jung filzig, später feinkörnig („wie mit Sand bestreut", Name!), trocken, feucht etwas klebrig-schmierig, ockergelb, später gelb- bis olivbraun, Huthaut kaum abziehbar. **Poren:** klein, eckig, olivgelb, Druckstellen +/– blauend. **Stiel:** bis 12 cm lang, bis 3 cm dick, zylindrisch, im oberen Teil feinkörnig, unten +/– feinschuppig, gelbbraun, ringlos und ohne Netz. **Fleisch:** hellgelb bis orangegelb, schwach blauend, Geruch unangenehm „bovistartig", Geschmack mild. **Sporenpulver:** olivbraun. **Vorkommen:** Juli bis November unter Kiefern auf sauren, sandigen Böden, lokal häufig. **Wert:** Der Sandröhrling entfaltet bei Pilzmischgerichten ein würzendes Aroma (in früheren Jahren wurde dieser Pilz als „Maggiersatz" verwendet) Dieser „Würzfaktor" wird noch deutlich erhöht, wenn der Pilz getrocknet und anschließend in eingeweichter Form verwendet wird. Angeblich sollen diese getrockneten Sandröhrlinge dem Aroma von getrockneten Morcheln sehr nahe kommen.

Verwechslung: mit dem am gleichen Ort vorkommenden häufigen essbaren Kuhröhrling (S. 47) mit einer glatten Hutoberfläche, größeren Poren und gummiartig zähem Fleisch. Außerdem verfärbt sich das Fleisch beim Kuhröhrling beim Garen violett. Ähnlich auch der Pfeffer-Röhrling (S. 42) mit pfeffrigscharfem Fleisch. Es gibt keinen ähnlichen Giftpilz!

Pfeffer-Röhrling

Chalciporus piperatus

Hut: 2 – 8 cm, lange halbkugelig, dann gewölbt, orangebraun, trocken glänzend, feucht schmierig, Hutrand bisweilen verbogen. **Poren:** weit, eckig, zuerst orange, später zimt- bis rostbraun, manchmal etwas herablaufend. **Stiel:** bis 8 cm lang, bis 1 cm dick, zylindrisch, basal zugespitzt, bisweilen auch verbogen oder exzentrisch, gelblich bis rotbraun, Basis mit gelbem Myzel überfasert. **Fleisch:** blassgelblich, in der Stielbasis safran- bis chromgelb, nicht blauend, Geschmack roh pfeffrig-scharf (Name!). **Sporenpulver:** ockerbräunlich. **Vorkommen:** Juli (Mai) bis Oktober in Nadel- und Mischwäldern, meist bei Fichten und Kiefern. **Wert:** die in manchen Pilzbüchern erwähnte Bezeichnung „Würzpilz" ist obsolet! Der pfeffrig-scharfe Geschmack bei Rohkostprobe (ursächlich das Alkaloid Chalciporon) verflüchtigt sich beim Trocknen und Erhitzen; Pfefferröhrlinge sind gegart von mildem Geschmack und geschmacksarm. Im Bedarfsfall kann er als „Mischpilz" verwendet werden.

Verwechslung: eigentlich unverkennbar durch sein gelbliches bis zitronengelbes Stielfleisch und den pfeffrig-scharfen Geschmack! Verwechslung ist möglich mit dem größeren, nur unter Kiefern vorkommenden Kuh-Röhrling (S. 47) mit großen, unregelmäßig eckigen Röhrenmündungen und mildem Fleisch sowie dem milden ebenfalls nur unter Kiefern wachsendem Sandröhrling mit schwach blauendem Fleisch; ähnlich auch der essbare, bei uns äußerst seltene Rostrote Lärchenröhrling *(Suillus tridentinus)* und dunkle Formen des ebenfalls essbaren Goldröhrlings (S. 43).

Goldröhrling, Goldgelber Lärchenröhrling

Suillus grevillei

Hut: 5 – 8 cm, jung halbkugelig, konvex, später verflacht, trocken glänzend, feucht schleimig, oft Hut mit Humusteilchen verklebt, zitronen- bis goldgelb, orangefarben (var. *grevillei)* oder haselnußbraun bis rostbraun (var. *clintonianus).* **Poren:** gelblich bis orangegelb, dann bräunlichgelb, rund, eng, auf Druck rotbräunlich verfärbend, Stielspitze im Jugendstadium mit dem Hutrand durch einen häutig-schleimigen, weißlichen, fast durchsichtigen Schleier verbunden. **Stiel:** bis 10 cm lang, bis 2 cm dick, +/– zylindrisch, gelb bis rotbräunlich mit weißgelblichem Ring (Rest des weißlichen Schleiers), bei feuchter Witterung flüchtiger Schleimwulst. **Fleisch:** zitronengelb, weich, bei Anschnitt des Stiels schwach rosa bis bräunlich anlaufend, Geruch angenehm pilzig, Geschmack mild. **Sporenpulver:** gelblichbraun. **Vorkommen:** Juni bis Oktober gesellig in Wäldern, Park- und Gartenanlagen, ausschließlich unter Lärchen (Mykorrhizapilz der Lärche), sehr häufig, in jungen Lärchenpflanzungen oft Massenpilz. **Wert:** Die bei Nässe stark schleimige Huthaut (der Goldröhrling gehört zur Gattung *„Suillus"* = Schmierröhrlinge) sollte bei älteren Pilzen schon am besten am Fundort abgezogen werden. Hutschleim bei jungen Pilzen abwischen, da dünne Huthaut schwer abziehbar. Die schleimige Schicht ist auch in negativer Form geschmacksbeeinflussend.

Verwechslung: hin und wieder wird der Goldröhrling mit einem weiteren Schmierröhrling, nämlich dem häufigen, essbaren, dunkleren (keinesfalls +/– gelben) Butterpilz (S. 44) verwechselt, der jedoch nur unter Kiefern vorkommt. Es gibt keinen Giftpilz, der mit dem Goldröhrling verwechselt werden kann!

Butterpilz, Butterröhrling

Suillus luteus

Hut: 5 – 10 cm, jung halbkugelig bis kegelförmig, dann flach gewölbt, Huthautrand die Röhren saumartig überziehend, oft mit eingewachsener Maserung, bei feuchter Witterung sehr schleimig, Huthaut leicht abziehbar, dunkel- bis schokoladenbraun, seltener gelbbraun, mit oftmals durch die Schleimschicht verursachten graulilafarbenen Tönung. **Poren:** klein, eckig, eng, zuerst hellgelb, später olivgelb, im Jugendstadium die Poren verdeckender weißer Schleier vom Hutrand zum Stiel gespannt. **Stiel:** bis 6 cm lang, bis 2 cm dick, zylindrisch, meist kurz, weißlich, mit weißlichem oder im Alter +/– violettbraunem trichterförmig aufsteigendem Ring, über dem Ring gelb und körnig-punktiert. **Fleisch:** gelbweißlich, zart, "butterweich". Geruch +/– obstartig, Geschmack mild, schwach säuerlich. **Sporenpulver:** gelboliv. **Vorkommen:** August bis November auf vorzugsweise sandigen, saurem Untergrund unter Kiefern auf Sandböden, sehr häufig. **Wert:** der aromatische Speisepilz mit sehr zartem Fleisch schmeckt auch hellbraun gebraten hervorragend. Der Butterpilz kann jedoch in Einzelfällen – bei entsprechender Veranlagung – Magen-Darmbeschwerden (insbes. Durchfall) hervorrufen. In sicherlich sehr seltenen Fällen kann der wiederholte Genuss von Butterpilzen – ähnlich wie beim Kahlen Krempling – auch zu einer sog. Allergisierung führen. Folge: immunhämolytische Anämie mit u.U. erheblicher Nierenschädigung infolge einer Antigen-Antikörper-Reaktion. Empfehlung:

a) in jedem Fall die Huthaut abziehen (möglicherweise (?) Durchfall auslösender Pilzteil)!

b) beim erstmaligen Genuss nur eine kleine Menge zubereiten und testen, ob der Pilz ohne Nachwirkungen vertragen wird! Im übrigen: ich esse diesen aromatischen und zarten Pilz seit mehr als 40 Jahren in den verschiedensten Pilzmischgerichten ohne geringstes „Bauchkrumeln"! Butterpilze enthalten angeblich Inhaltsstoffe, die positiv auf den Cholesterinspiegel wirken.

Verwechslung: am ehesten noch mit dem sehr seltenen, auf kalkhaltigen Böden wachsendem Ringlosen Butterpilz (S. 45). Dieser ist jedoch durch den fehlenden Ring sowie der rosafarbenen Stielbasis leicht zu trennen; außerdem mit dem essbaren zitronengelben bis rostbraunen, ebenfalls „schleimigen" Goldröhrling (S.43) und dem in grasigen Kiefernwäldern gelbbräunlichen, schleimigen essbaren Körnchenröhrling (S. 49).

Ringloser Butterpilz, Brauner Schmerling

Suillus collinitus Syn.: *Suillus fluryi*

Hut: 5 – 12 cm, jung halbkugelig, später flach ausgebreitet, glatt, feucht schleimig-schmierig, trocken glänzend und etwas klebrig, eingewachsen faserig, Rand lange eingerollt, Huthaut etwas überstehend, abziehbar, schokoladen-, rot- bis gelbbraun, alt wellig. **Poren:** rundlich-eckig, klein, hell- bis goldgelb, jung klare Tröpfchen ausscheidend. **Stiel:** bis 8 cm lang, bis 2 cm breit, zylindrisch, oft verbogen, Spitze zitronengelb, Stiel fein rotbraun punktiert, ohne Ring, Stielbasis und Myzel rosafarben. **Fleisch:** gelblich, in Stielbasis orange bis orangerosa, Geschmack mild, Geruch pilzartig. **Sporenpulver:** olivbräunlich.

Vorkommen: Juli bis Oktober vorwiegend unter Kiefern (selten Buche und Birke), meist an Waldrändern auf kalkhaltigen Böden (Kalkzeiger), örtlich häufig, an ähnlichen Standorten wie der Körnchenröhrling. **Wert:** essbar, brauchbarer Mischpilz.

Verwechslung: mit häufigem bedingt essbarem Butterpilz (S. 44), durch fehlenden Ring und rosafarbene Stielbasis unterschieden. Sehr ähnlich ist auch der im gleichen Habitat erscheinende Körnchenröhrling (S. 49), ohne radialfaserig geflammten Hut und ohne rote Stielbasis.

Grauer Lärchen-Röhrling

Suillus viscidus Syn.: *Suillus aeruginascens*

Hut: 4 – 9 cm, anfangs halbkugelig, dann konvex und alt verflachend,+/– wellig verbogen, eingewachsen maserig, oft uneben, feucht stark schleimig (Schleimröhrling!), +/– grau (oliv-, weißlich-, braungrau), Rand meist mit zerschlissenen Schleierresten behangen, jung mit dem Stiel durch einen weißlich bis blassgelben Schleier verbunden, Haut abziehbar. **Poren:** ziemlich groß, eckig, jung weißlich-hellgrau, später schmutzig bräunlich, bei Druck olivbräunlich. **Stiel:** bis 8 cm lang, bis 2 cm dick, graubräunlich, im Alter bräunlich, feucht schmierig, mit weißlichem, später grau werdendem häutigen, vergänglichen, unterseits flüchtig-schleimigem weißen Ring, unterhalb des Rings rostbraun faserig-schuppig.

Fleisch: weißlich, im Stiel gelblich, mitunter bei Anschnitt schwach blaugrün verfärbend. Geruch schwach obstartig, Geschmack mild. **Sporenpulver:** olivgelb. **Vorkommen:** Juni bis Oktober nur unter Lärchen, gerne an Waldwegrändern auf mineralreichen Böden, jedoch auch in Park- und Gartenanlagen. **Wert:** guter brauchbarer Speisepilz.

Verwechslung: der Graue Lärchenröhrling kann mit seinen typischen Merkmalen, wie grauer, feucht schmieriger Hut, Stiel mit Ring und Wachstum unter Lärchen nicht mit einem Giftpilz verwechselt werden.

Kuh-Röhrling

Suillus bovinus

Hut: 3 – 10 cm, jung gewölbt und am Rande eingerollt, dann ausgebreitet, Rand +/– wellig-flatterig verbogen, gelblichbraun oder orange-braun, glatt, trocken glänzend, bei nassem Wetter schmierig-schleimig. **Poren:** weitporig, unregelmäßig rhombisch, +/– labyrinthisch, schließlich netzartig-lamellig ausgezogen, anfangs graugelblich, später gelbbraun bis olivbraun, am Stiel herablaufend. **Stiel:** bis 8 cm lang, bis 2 cm dick, zylindrisch, ringlos, oft büschelig und dann +/– verbogen, fein längsfaserig-flockig, ockerlich, gelblich, Stielbasis oft rosabräunlich gefärbt mit gleichfarbenem Myzel. **Fleisch:** weißlich bis gelblich, fleischrötlich verfärbend, insbes. im Hut gummiartig elastisch. Geruch angenehm, Geschmack mild, etwas säuerlich. **Sporenpulver:** olivbräunlich. **Vorkommen:** Juli bis Oktober, gesellig oder büschelig in Wäldern, an Waldwegen auf sauren Böden unter Kiefern (an 2-nadelige Kiefern gebunden). Oft mit dem essbaren Rosenroten Gelbfuß *(Gomphidius roseus)* vergesellschaftet, manchmal am Stiel miteinander verwachsen. **Wert:** jung brauchbarer Mischpilz, verfärbt sich beim Erhitzen charakteristisch weinrot-lila (auch Kochwasser).

Verwechslung: mit dem ebenfalls unter Kiefern wachsendem essbaren Sand-Röhrling (S. 41) mit filzigem Hut, engeren Porenmündungen und nicht büscheligem Wachstum. Goldröhrlinge (S. 43) haben einen Ring am Stiel. Eine Ähnlichkeit besteht auch mit dem kleineren Pfefferröhrling (S. 42) mit rundlichen, in Stielnähe eckigen Röhrenmündungen und pfeffrig-scharfem Fleisch.

Hohlfuß-Röhrling

Suillus cavipes Syn.: *Boletinus cavipes*

Hut: 4 – 10 cm, jung kegelig-glockig, später abgeflacht, stumpf bis spitz gebuckelt, trocken, grobfilzig bis faserig-schuppig, bräunlich, kastanienbraun, orangebraun bis sogar zitronengelb (forma *aureus),* besonders auf sauren Böden, Rand jung eingerollt und mit Hüllresten behangen, die auch später noch sichtbar sind, öfter wellig verbogen. **Poren:** eckig, weitmaschig, länglich gestreckt, gelb bis grünlichgelb, etwas am Stiel herablaufend. Poren beim jungen Pilz mit einer weiß-gelblichen Hülle bedeckt. **Stiel:** bis 8 cm lang, bis 2 cm dick, stets hohl (Name!), +/– zylindrisch, kurz, gelbbräunlich, filzig, mit +/– weißlichem, faserig-flockigem Ring. **Fleisch:** blassgelb, weich, bei Anschnitt nicht blauend, in der Stielbasis +/– bräunlich. Geruch angenehm pilzartig, Geschmack mild, länger gekaut etwas schärflich. **Sporenpulver:** olivgelb. **Vorkommen:** Juni bis Oktober in sandigen Nadelwäldern unter Lärchen (streng an Lärchen gebunden). **Wert:** wohlschmeckend und aromatisch, eignet sich für Einzel- und Mischgerichte. Der etwas zähe Stiel sollte entfernt werden.

Verwechslung: der Hohlfußröhrling ist durch seinen filzigen Hut, dem hohlen Stiel und den weitmaschigen Poren gut festgelegt. Es gibt keinen mit dem Hohlfußröhrling zu verwechselnden Giftpilz!

Körnchen-Röhrling, Schmerling

Suillus granulatus

Hut: 5 – 10 cm, halbkugelig-gewölbt ausgebreitet, dickfleischig, Rand eingebogen und marginal den Röhrenrand überdeckend, feucht stark schleimig-schmierig, trocken klebrig und glänzend, Hutfarbe sehr variabel: gelb-, ocker-, dunkel- bis rotbraun, bisweilen eingewachsen gemasert, Huthaut leicht abziehbar. **Poren:** engstehend, rundlicheckig, jung cremefarben, später olivgelb, jung und bei Feuchtigkeit wässrig-milchige Tröpfchen absondernd, die zu kleinen braunen Körnchen vertrocknen. **Stiel:** bis 9 cm lang, bis 2 cm dick, zylindrisch, oft verbogen, weißlich-flaumig, alt bräunlich, ohne Ring, jung an Stielspitze weißgelbliche Tröpfchen ausscheidend, die später als bräunliche Körnchen (Name!) zu sehen sind. **Fleisch:** zart, weißlich bis gelblich, bei Anschnitt unveränderlich, Geruch +/– obstartig, Geschmack säuerlich, mild. **Sporenpulver:** orangebraun mit Olivton.

Vorkommen: Juni bis Oktober in grasigen Kiefernwäldern, auf Waldwiesen, in Park- und Gartenanlagen, gern auf Kalk. **Wert:** essbar; kann jedoch zu Magen-Darmbeschwerden mit deutlichen Durchfällen führen, sowie – bei entsprechender Veranlagung – eine Allergie auslösen. Unter allen Umständen die Huthaut abziehen und wegen inhaltlicher Hämolysine die Pilze gut erhitzen! Empfehlung: Beim erstmaligen Probieren vorsorglich nur eine kleine Menge in einem Pilzmischgericht verwenden!

Verwechslung: kaum mit einem Giftpilz zu verwechseln. Ähnlich ist der Butterpilz (S. 44), der jedoch einen Ring aufweist, sowie der Kuhröhrling (S. 47) und der sehr seltene Ringlose Butterpilz (S. 45) mit einer rosafarbenen Stielbasis.

Birkenrotkappen
(Leccinum versipelle)
essbar

Eichen-Rotkappe, Laubwald-Rotkappe

Leccinum aurantiacum Syn.: *L. quercinum*

Hut: 6 – 15 cm, jung halbkugelig, später flachkonvex, polsterförmig, trocken feinfilzig-wildlederartig, ziegelrot bis rotbraun, bei Nässe schmierig, selten fast kastanienbraun, Rand die Röhren bis zu 6 mm überragend. **Poren:** eng, weißlich, zunehmend grau bis dunkelolivgrau, auf Druck bräunlich fleckend. **Stiel:** bis 20 cm lang, bis 4 cm dick, schwach keulig, auf weißlichem Grund Stielschüppchen jung rötlich, später dunkel rotbraun, im Alter schwärzend, Druckstellen rötlich bis +/– blaugrün. **Fleisch:** weiß, bei Anschnitt anfangs rosa, später violettgrau bis schwarz verfärbend. **Sporenpulver:** gelbbraun.

Vorkommen: August bis Oktober auf sandiglehmigen, wärmebegünstigten Böden unter Eichen, Pappeln (insbes. Espen), Birken, mitunter auch unter Rotbuchen, Weiden und Linden, selten. **Wert:** Die Eichenrotkappe ist ein beliebter Speisepilz. Das Fleisch schwärzt beim Kochen wie bei allen Rotkappen. Roh toxisch, demnach gut erhitzen.

Verwechslung: möglich mit der Nadelwald-Rotkappe (S. 55), der Birkenrotkappe (S. 54) und der Espenrotkappe (S. 53). Alle Rotkappen sind essbar und wohlschmeckende Speisepilze.

Espen-Rotkappe, Weißstielige Rotkappe

Leccinum leucopodium Syn.: *Leccinum albostipitatum*, *Leccinum aurantiacum* ss. M. Korhonen

Hut: 8 – 25 cm, jung halbkugelig, dann flach gewölbt, dickfleischig, matt, feinfilzig, leuchtend orange bisweilen orangebraun bis orangerot, feucht schmierig, bei jungen Fruchtkörpern bis 4mm überhängende Huthaut. **Poren:** weißlich, sehr klein, weißgelblich, zunehmend grau -, schmutzig gelb bis olivgelb, verletzt bräunend, violettgrau oder +/– schwärzend. **Stiel:** bis 12 cm lang, bis 4 cm dick, zylindrisch bis bauchig, weißlich, an der Stielbasis oft blaugrün fleckend, Stielschüppchen auf hellem Grund lange feinschuppig weiß bleibend, später orangeocker bis +/– rotbraun und im Alter fast schwarz verfärbend. **Fleisch:** weißlich, fest, bei Anschnitt zuerst weinrötlich bis violettlich, nach einiger Zeit grauviolett verfärbend, in der Stielbasis oft +/– blaugrün, Geruch angenehm, Geschmack mild. **Sporenpulver:** olivbraun. **Vorkommen:** Juni bis Oktober unter Zitterpappeln (Espen) an Wald- und Wegrändern, Garten- und Parkanlagen, gerne auf sauren Böden. **Wert:** Alle Rotkappen sind essbar und ausgezeichnete Speisepilze. Das Fleisch verfärbt sich beim Garen schwarz ohne schädliche Auswirkung. Alle Rotkappen und Birkenpilze (Sammelbegriff: Raufußröhrlinge) enthalten hitzeinstabile Hämolysine, die jedoch beim Kochen zerstört werden. Demnach sollten die Pilze gut erhitzt werden.

Verwechslung: möglich mit anderen essbaren Rotkappen wie z.B. Birkenrotkappe (S. 54), Nadelwald-Rotkappe (S. 55) oder der seltenen Eichenrotkappe (S. 52). Der Birkenpilz (S. 56) hat einen braunen Hut und keine überhängende Huthaut.

Birken-Rotkappe, Heide-Rotkappe

Leccinum versipelle

Hut: 7 – 20 cm, anfangs halbkugelig, dann breit polsterförmig, dickfleischig, trocken filzig-körnig, matt, feucht geringfügig schmierig, orangegelb bis gelbbraun, Huthaut insbes. im Jugendstadium am Rand umgebogen und die Röhren saumartig einfassend. **Poren:** klein, jung dunkelgrau, später graubraun bis gelblich-grau. **Stiel:** bis 15 cm lang, bis 4 cm dick, jung bauchig, später zylindrisch, Stielbasis meist schwach keulig, schon in jungem Zustand auf weißem Grund mit braunen bis schwarzen Schüppchen bedeckt, an der Stielbasis oft mit blaugrünen Flecken. **Fleisch:** jung fest, später weich, weiß, nach Durchschneiden anfangs rosa-lila, später grauviolett bis weinrötlich anlaufend, Geruch unauffällig, Geschmack angenehm mild. Das Fleisch wird beim Erhitzungsvorgang schwärzlich. **Sporenpulver:** olivbraun. **Vorkommen:** Juni bis Oktober auf sauren, sandigen Böden unter Birken, häufig. **Wert:** Ausgezeichneter Speisepilz. Alle Rotkappen gelten roh genossen als toxisch, deshalb gut erhitzen.

Verwechslung: mit anderen essbaren Rotkappen so z.B. Espenrotkappe (S. 53), Eichenrotkappe (S. 52), Nadelwald-Rotkappe (S. 55) oder dem Birkenpilz (S. 56).

Nadelwald-Rotkappe, Fuchsrotkappe

Leccinum vulpinum Watling s.l., *incl. Leccinum piceinum Pilát & Dermek*

Hut: 3 – 10 cm, jung halbkugelig, im Alter bauchig bis polsterförmig, Huthaut insbes. im Jugendstadium eingebogen und die Röhren saumartig (bis 6 mm) einfassend, freudig braunrot, fuchsrot, orange-, fuchs- bis rostbraun, später dunkler, trocken, feinfilzig-samtig. **Poren:** weißgraulich, alt graubräunlich. **Stiel:** bis 12 cm lang, bis 4 cm dick, walzenförmig, Basis verdickt, mitunter verbogen, mit anfänglich weißen, bald braun bis rotbraunen, alt schließlich schwärzlichen Schuppen. **Fleisch:** nach Anbruch im Hut weiß, oft nur langsam rosa verfärbend, im Stiel rosalich-fleischfarben, weinrötlich bis graupurpur verfärbend, zuletzt grauviolettlich, in der Basis oftmals grünblau verfärbend. **Sporenpulver:** olivbraun. **Vorkommen:** Juni bis Oktober in Nadelwäldern mit Kiefer und Fichte.

Wert: ausgezeichneter Speisepilz, roh genossen toxisch, deshalb gut erhitzen.

Verwechslung: mit anderen essbaren Rotkappen. Die weiteren Rotkappen sind an verschiedene Baumarten des Laubwalds gebunden. Bemerkung: im Fichtenwald kommen auch düstere, mehr +/– rostbraunhütige und eher schwarzschuppige Exemplare mit im Anbruch schnell violettschwarz verfärbendem Stielfleisch vor, die teils als eigene Art angesehen werden; beschrieben als Fichtenrotkappe *(Leccinum piceinum)*, die ebenso schmackhaft ist. Derzeit ist unklar, ob die Fichtenrotkappe eine selbstständige Art darstellt oder lediglich als Form der Nadelwald-Rotkappe zu betrachten ist.

Birkenpilz

Leccinum scabrum

Hut: 5 – 12 cm, jung halbkugelig, später polsterförmig, glatt, kahl, gelbbraun bis dunkelbraun, feucht leicht schmierig, dickfleischig, bald weich werdend. **Poren:** fein, weißlich bis hellgrau, rostfleckig, an Druckstellen etwas bräunlich verfärbend. **Stiel:** bis 11 cm lang, bis 2 cm dick, Spitze schmäler, auf hellem Grund mit meist dunkelbraunen bis schwarzen Schuppen besetzt (im oberen Teil feiner, im unteren Teil gröber), manchmal ein Netz bildend, Stielbasis nicht grünlich-blau. **Fleisch:** weißlich bis grauweißlich, jung fest, bald weich, schwammig bis wässrig, im Schnitt nicht oder manchmal schwach rosa verfärbend, später oft bräunlich oder schwach grau. Geruch angenehm, Geschmack mild. Fleisch wird beim Kochen grauschwarz. **Sporenpulver:** olivbraun. **Vorkommen:** unter Birken, sowohl auf feuchten wie auf trockenen Böden, in Wäldern, Birkenalleen, in Parkanlagen oder Gärten. **Wert:** Guter Speisepilz, viel gesammelter, aber nur in jungem Zustand brauchbarer Speisepilz; er wird bald sehr weichfleischig und ist zuletzt meist stark von Maden zerfressen, roh toxisch, deshalb gut erhitzen.

Verwechslung: möglich mit dem robusten, wertvolleren Schwärzlichen Birkenpilz (S. 57).

Schwärzlicher Birkenpilz, Dunkler Birkenpilz

Leccinum melaneum

Hut: Hut: 5 – 12 cm, jung halbkugelig, später polsterförmig, glatt, selten runzelig, trocken fein samtig matt, feucht etwas schmierig, gänzlich dunkel- bis schwarzbraun, unter Huthautrand +/– gelblich. **Poren:** grau-weißlich, fein, später aschgrau, häufig mit braunen Flecken, bei Druck etwas bräunend. **Stiel:** bis 14 cm lang, bis 5 cm dick, robuster und fester als der normale Birkenpilz, auf deutlich grauem Grund sehr dicht mit +/– schwarzen Schuppen besetzt (oben feiner, im unteren Teil gröber und dichter werdend), Stielspitze schlanker, Basis schwarz und manchmal auffallend keulig, Stielbasis nicht grünlich-blau. **Fleisch:** weiß, fest, bisweilen bei Druck rötend, dann nach Stunden bräunend, Geruch und Geschmack angenehm; in der Stielbasis sowie Stielrinde mit +/– auffälligen safranfarbenen Stellen. Fleisch wird bei Kochen grauschwarz. **Sporenpulver:** olivbraun. **Vorkommen:** Juli bis Oktober an feuchten Standorten unter Birken. **Wert:** guter Speisepilz, ähnlich den ebenso robusten Rotkappen. Roh toxisch, deshalb gut erhitzen.

Verwechslung: mit dem essbaren, minderwertigeren Gemeinen Birkenpilz (S. 56) ist unschädlich. Der Schwärzliche Birkenpilz hat einen schwarzbraunen bis grauschwarzen Hut, robusteres Fleisch, auffällig dichtschwarze Stielbeschuppung und +/– gelbliche Schicht unter Huthautrand sowie safrangelbe Stellen in Stielrinde sowie Fleisch der Stielbasis.

Semmel-Porling
Albatrellus confluens
Syn.: *Scutiger confluens*

Hut: 4 – 15 cm breit, semmelfarbig, jung glatt, später oft felderig-rissig, oft mit Rosaton, meist viele miteinander „klumpenförmig" verwachsen und bis zu 30 cm breite Rasen bildend, Hüte legen sich oft dachziegelartig übereinander. **Poren:** weißlichcremefarben, kurz, feinporig, am Stiel herablaufend. **Stiel:** weiß, kurz und dick, mehrere Stiele oft strunkartig verwachsen. **Fleisch:** weiß, fest, brüchig, im Alter bitterlich. **Sporenpulver:** weiß. **Vorkommen:** August – Oktober, in Nadelwäldern, örtlich häufig. **Wert:** jung essbar, im Alter zäh und bitter.

Verwechslung: möglich mit Semmel-Stoppelpilz (S. 166), der jedoch auf der Unterseite Stacheln besitzt. Ähnlich sind auch die im Nadelwald vorkommenden, ebenfalls essbaren Schaf-Porlinge (s. rechts).

Schaf-Porling, Schafeuter
Albatrellus ovinus
Syn.: *Scutiger ovinus*

Hut: 5 – 12 cm breit, einzeln oder miteinander verwachsen, jung weiß bis hellcreme, später bisweilen gelb- bis grünfleckig, oft felderig rissig, mitunter auch lappig verbogen. **Poren:** weiß, herablaufend, auf Druck gilbend, feinporig. **Stiel:** jung weiß, meist kurz (3 – 5 cm lang), 1 – 3 cm dick, oft zugespitzt. **Fleisch:** weiß, brüchig, Geschmack mild. **Sporenpulver:** weiß. **Wert:** guter Speisepilz. **Vorkommen:** Juli – Oktober in Nadelwäldern, örtlich häufig.

Verwechslung: sehr ähnlich ist der essbare, ebenfalls in Nadelwäldern vorkommende Rötende Schafporling *(Albatrellus subrubescens)* mit jung angedrückten, violettlichen Schuppen um die Hutmitte sowie auf Druck orange verfärbenden Poren, sowie der Semmel-Porling (s. links).

Alle Schaf-Porlinge und Semmel-Porlinge (Albatrellus spp.) sind nach der Bundesartenschutzverordnung besonders geschützt.
Es besteht hier ein Sammelverbot!

Parasol
(Macrolepiota procera)
essbar

Safran-Riesenschirmling, Olivbrauner Safranschirmling

Chlorophyllum olivieri, früher: *Macrolepiota rachodes* ss. auct. bzw. *Macrolepiota olivieri*

Hut: 7 – 15 cm breit, kugelig, dann halbkugelig-eiförmig („Paukenschlegel"), dichte, wollige Hutschuppen mit der gleichen Farbe wie der Hintergrund, also kein(!) auffallender Kontrast zwischen Hutschuppen und Untergrund, dunkelbraun, graubraun bis olivbraun, Hutmitte glatt, braun. **Lamellen:** weiß, oft mit rötlicher Schneide, schwach vom Stiel abgesetzt, bei Verletzung rötlich. **Stiel:** bis 15 cm lang, bis 2 cm breit, zylindrisch, glatt ohne Natterung, weißlich-bräunlich bis schmutzig-bräunlich, bei Berührung oder Anschnitt sich „safranfarben" verfärbend, wattiger Stielring (verschiebbar) doppelt gerandet, Basis knollig. **Fleisch:** weiß, im Bruch safranorange bis rotbräunlich anlaufend, Geruch und Geschmack angenehm. **Sporenpulver:** weißlich. **Vorkommen:** August bis November im Nadel- und Mischwald, oft in Reihen und „Hexenringen", an Waldwegen, häufig; seltener in Gärten. **Wert:** in gebratenem Zustand wohlschmeckender Speisepilz, nicht ganz den Speisewert des Parasols erreichend.

Verwechslung: mit essbarem Parasol (S. 61) oder mit giftigen oder +/– giftverdächtigen meist auf Gartenerde und Kompost heimischen „Garten-Safranschirmlingen" (S. 62) mit auffallendem Kontrast zwischen Hutschuppen und Untergrund.

Parasol, Gemeiner Riesenschirmling

Macrolepiota procera

Hut: 12 – 30 cm, jung geschlossen kugel- bis eiförmig (wie ein Paukenschlegel!), später abgeflacht bis tellerförmig, meist mit flachem, braunem Buckel, blassbräunlich bis haselbraun, zunehmend auf creme-beigefarbenem Untergrund +/– konzentrische, schollige, abstehende braune Schuppen bildend, in Hutmitte glatt und braun bleibend, Hutrand deutlich heller. **Lamellen:** frei, weiß, später cremefarben, eng stehend. **Stiel:** bis 40 cm lang, bis 2 cm dick, zylindrisch, schlank, Stielrinde hart-faserig, Basis knollig (bis 6 cm), zäh, alt hohl, hellbräunlich, Ring dick, doppelter (zweischichtiger) Ring mit deutlicher bräunlicher Laufrille, verschiebbar *(„annulus mobilis“)*, am Rand +/– stark ausgefranst, auf weißlichem bis beigefarbenem Grund charakteristisch hell- bis dunkel-braun „genattert“. **Fleisch:** zart, weiß, im Schnitt unveränderlich weiß bleibend, Geruch und Geschmack mild und nussartig. **Sporenpulver:** weißlich. **Vorkommen:** Juli bis November in lichten Wäldern, an grasigen Wald- und Wegrändern, auf Lichtungen und Waldwiesen, in Parkanlagen und Gärten; mitunter auch in Form eines Hexenrings; wird auch gezüchtet.

Wert: hervorragender und weit bekannter Speisepilz. Die Hüte können paniert oder „en nature“ wie ein Schnitzel gebraten werden. Der Parasol enthält hitzelabile Hämolysine, ist demnach roh giftig und muss deshalb gut erhitzt werden. Stiele sind „Zellulose“ pur, dadurch faserig-zäh. Getrocknet und in gemahlener Form als Pilzpulver zum Verfeinern von Suppen und Saucen verwendbar!

Verwechslung: ist möglich mit den sehr ähnlichen, ebenfalls wohlschmeckenden Zitzen-Riesenschirmlingen *(Macrolepiota mastoidea* agg.*)*. Sehr ähnlich – meist jedoch kleiner – sind die glattstieligen Safranschirmlinge (Gattung *„Chlorophyllum“*), deren Fleisch sich im Schnitt safranorange verfärbt. Die häufige Waldform des Safranschirmlings mit einheitlich braun gefärbter Hutoberfläche ist hinsichtlich des Speisewerts fast gleichwertig. Die „Gartenformen“ mit einem Farbkontrast der braunen Hutschuppen zum cremeweißen Untergrund sind giftig, zumindest giftverdächtig (s. S. 23).

Keulenstieliger Garten-Safranschirmling

Chlorophyllum rachodes früher: Macrolepiota rachodes

Hut: 8 – 20 cm breit, mit hell- bis rostbraunen Hutschuppen auf einem hellgefärbten Hintergrund (= Farbkontrast der braunen Hutschuppen zum cremeweißen Untergrund), glatte Hutmitte matt und abgesetzt. **Lamellen:** weiß, manchmal im Alter schwach rosa.**Stiel:** bis 18 cm lang, bis 2 cm dick, glatt, schmutzig weiß, bei Berührung safranorange bis bräunlich verfärbend, mit einfachem, aber robustem, häutigen Stielring, Ring meist doppelt und kräftig. Stielbasis knollenförmig verbreitert, d.h. also keulig verdickt (nicht abrupt gerandet!). **Fleisch:** weiß, im Schnitt sich wein- bis safranrötlich verfärbend. **Sporenpulver:** weiß. **Vorkommen:** außerhalb von Wäldern, in Garten-, Park- und Friedhofanlagen, auf Komposthaufen. **Wert:** giftverdächtig (Magen-Darmgift ?).

Verwechslung: der Keulenstielige Garten-Safranschirmling ist nach überwiegender Literaturmeinung nicht giftig, allerdings sehr leicht mit dem giftigen Gerandetknolligen Garten-Safranschirmling *(Chlorophyllum brunneum)* zu verwechseln. Es wird jedoch immer wieder auch bei Genuss dieses Pilzes von nicht aufgeklärten Unverträglichkeiten berichtet. „Safranschirmlinge" mit deutlichem Kontrast zwischen Hutschuppen und Untergrund (meist in Gärten und Parks!) sollten nicht gesammelt und verzehrt werden. Sehr ähnlich ist auch der essbare, vorwiegend in Wäldern wachsende Olivbraune Safranschirmling (S. 60).

Fliegenpilz

Amanita muscaria

Hut: 5 – 20 cm, glänzend, jung halbkugelig, bald flach ausgebreitet, meist rot, bisweilen orange bis blassgelb, Rand später gerieft, jung mit weißen, konzentrisch angeordneten Flocken, die jedoch durch Regen abgewaschen sein können. **Lamellen:** am Stiel frei stehend, weiß. **Stiel:** bis 20 cm lang, bis 2,5 cm dick, knollige Basis mit konzentrischem Warzengürtel, schlaffer Ring, +/– gerieft. **Fleisch:** weiß, unter der Huthaut arttypisch gelb; Geruch und Geschmack unbedeutend. **Sporenpulver:** weiß. **Vorkommen:** Juli – November im Laub- und Nadelwald, Parkanlagen, insbes. unter Birken und Fichten, häufig. Wenn Fliegenpilze und Fichten vorhanden sind, dann besteht eine gute Chance dort auch Steinpilze zu finden, also „Steinpilzanzeiger"! **Wert:** giftig, Nervengift (Muscimol, Muscazon); bei Vergiftungen halluzinogene Wirkung (kaum bei freiwilligen Versuchen), enthält kein Muscarin (oder nur unbedeutend), selten letal. Der Name „Fliegenpilz" resultiert aus früherer Praxis, in der gezuckerte Fliegenpilzstücke in Milch eingelegt als „Fliegenfalle" verwendet wurden. Die Fliegen waren danach betäubt und konnten eingesammelt werden.

Verwechslung: kaum; ähnlich der ebenfalls giftige Königsfliegenpilz *(Amanita regalis)* mit braunem Hut und gelben Hüllresten, u. U. mit vorwiegend in Südeuropa und wärmebegünstigten Regionen Süddeutschlands vorkommendem essbaren Kaiserling *(Amanita caesarea)* mit flockenfreiem Hut, gelben Lamellen und Manschette sowie weißer Scheide.

Fliegenpilze

Pantherpilz

Amanita pantherina

Hut: 5 – 10 cm, jung halbkugelig, später abgeflacht, hell- bis dunkelbraun, mit zahlreichen kleinen weißen +/– konzentrisch angeordneten, abwischbaren Flöckchen, im Alter Hutrand gerieft. **Lamellen:** weißlich, am Stiel frei stehend. **Stiel:** bis 12 cm lang, bis 2 cm dick, weiß, schlank; schmaler, oberseits nicht geriefter, glatter, vergänglicher Ring, stulpenförmig scharf abgesetzte Stielknolle („Bergsteigersöckchen"). **Fleisch:** weiß, auch unter der Huthaut weiß, mit rettich- bis rübenartigem Geruch, ohne Verfärbung. **Sporenpulver:** weiß. **Vorkommen:** Juli – Oktober in Laub- und Nadelwäldern, insbesondere auf sauren Böden sowie in Parkanlagen.

Wert: stark giftig; Nervengifte (Ibotensäure, Muscimol, Muscazon) wie beim Fliegenpilz, jedoch in höherer Konzentration. Symptome: bei kurzer Latenzzeit (15 Minuten bis 2 Stunden) Gehstörungen, Rauschzustand usw., ab 100 g lebensbedrohlich, in seltenen Fällen tödlicher Ausgang.

Verwechslung: mit essbarem Grauen Wulstling (S. 65) sowie mit dem giftigen Porphyrbraunen Wulstling (S. 68). Klassische Doppelgänger sind bräunliche Formen des essbaren Perlpilzes (S. 67) mit rötendem Fleisch, geriefter Manschette und zwiebeliger Knolle.

Grauer oder Gedrungener Wulstling

Amanita excelsa Syn.: *A. spissa*

Hut: 5 – 12 cm, jung kugelig, dann halbkugelig, später konvex, grau, grau- bis dunkelbraun, bisweilen schwärzlich-grau, meist ungerieft, mit flächigen konzentrischen weißlichen bis grauweißlichen Hüllflocken. **Lamellen:** am Stiel frei, weiß, breit, gedrängt. **Stiel:** bis 12 cm lang, bis 2,5 cm dick, hängender, häutiger oberseits geriefter Ring, Stiel mit zwiebeliger Knolle, Stieloberfläche faserig oder genattert, bisw. mit gürtelartigen schuppigen Ringzonen. **Fleisch:** weiß, unter der Huthaut gelblich, Geruch und Geschmack dumpf rettichartig. **Sporenpulver:** weiß. **Wert:** minderwertig, Geschmackswert „bescheiden". **Vorkommen:** Juli – Oktober, meist im Nadelwald, gebietsweise häufig.

Verwechslung: wird immer wieder mit dem stark giftigen Pantherpilz (S. 64) sowie mit dem in unseren Nadelwäldern vorkommenden giftigen Porphyrbraunen Wulstling (S. 68) verwechselt (enthält Bufotenin). Eine mögliche Verwechslung mit dem essbaren Perlpilz (S. 67) ist „unproblematisch". Der Pantherpilz hat einen – zumindest bei älteren Exemplaren – gerieften Hutrand, weißes Fleisch unter der Huthaut, Geruch nur schwach rettichartig, vergängliche, oberseits glatte Manschette und einen „ blumentopfförmig" eingepfropften Stiel. Wegen der Gefahr der Verwechslung mit dem stark giftigen Pantherpilz empfiehlt es sich, den Grauen Wulstling generell nicht zu sammeln! Wie bereits erwähnt, es „lohnt ohnehin nicht"!

Bei erstmaligem Fund Pilzberater zuziehen!

Fransiger Wulstling, Einsiedler-Wulstling

Amanita strobiliformis

Hut: 10 – 26 cm, erst halbkugelig, weiß bis grauweißlich, anfänglich mit einer graulichen mehligwattigen bis wattig-filzigen Hülle bedeckt, beim Aufschirmen in meist größere, unregelmäßige, gleichfarbige oder dunklere angedrückte, weiche felderige Hutfetzen zerbrechend (mitunter auch pyramidenförmig, warzig-eckig), am Hutrand lange „fransige" (Name!) schaumig-klebrige Hüllreste. **Lamellen:** weiß, feinschartig. **Stiel:** bis 20 cm lang, bis 2 cm dick, weiß, fest, voll, tief im Boden eingesenkt, an der Basis manchmal leicht grau, mehligflockig, meist mit +/– ausgeprägter, gegürtelter bis berandeter Knolle (bis 3,5 cm), ohne Scheide (Volva), Ring flockig-käsig (zwischen den Fingern verschmierend und klebend) von charakteristisch cremiger Konsistenz, herabhängend, oberseits gerieft, oft auch unvollständig und zerrissen, selten als häutige Manschette sichtbar, der rahmartige Ring schmeckt salzig auf der Zunge. **Fleisch:** weiß, zart, schnell vergänglich und faulend, Geschmack jung angenehm, schwach +/– rettichartig, Geruch jung angenehm, neutral bis +/– nussartig, alt unangenehm fischartig. **Sporenpulver:** weiß. **Vorkommen:** Juni bis September in wärmebegünstigen Laubwäldern und Parkanlagen, gerne unter Eichen und Buchen, seltener Kiefern, meist auf Kalk- und Lößböden, verbreitet, aber nur ortshäufig. Die früher eher seltene Art ist offensichtlich wieder stark im Zunehmen begriffen! Angeblich wurde dieser Pilz in den letzten Jahren wieder häufiger in Südbayern auf besseren Böden gefunden. **Wert:** roh giftig, jung schmackhaft und sehr geschätzt, alt muffig schmeckend.

Verwechslung: eine gewisse Ähnlichkeit hat der ebenfalls auf wärmebegünstigten Böden wachsende seltene, giftige, nierentoxische Igel-Wulstling oder Stachelschuppige Wulstling *(Amanita solitaria)* mit vor allem in jungem Zustand auf dem Hut auffallenden zahlreichen, spitzen, dauerhaften, pyramidenförmigen Schüppchen (könnten jedoch auch durch Regen abgewaschen sein!), mit +/– grünlichem Schimmer in den Lamellen und auf dem Stiel, sowie mehreren Warzengürteln oberhalb der Stielknolle (ähnlich Fliegenpilz) sowie unangenehmem +/– medikamentös oder apothekenartigen Geruch. Sporenpulver frisch grünlich! Außerdem mit dem meist mediterran verbreiteten sehr seltenen, ebenfalls wärmeliebenden schonenswerten Eier-Wulstling *(Amanita ovoidea)* mit glattem Hut und alt gelblicher bis ockerfarbener derben, häutigen Scheide. Der Eier-Wulstling ist in Bayern vom Aussterben bedroht und sollte keinesfalls gesammelt werden. Vorsicht: Die ähnlichen tödlich giftigen weißen Knollenblätterpilze (S. 72) besitzen einen häutigen Ring, Stielbasis mit Scheide und sind schlanker gebaut.Bei erstmaligem Fund des Fransigen Wulstlings ist es unter allen Umständen ratsam, die Essbarkeit durch eine benachbarte Pilzberatungsstelle bestätigen zu lassen.

Perlpilz, Rötender Wulstling

Amanita rubescens

Hut: 5 – 15 cm, jung halbkugelig, bald ausgebreitet, glatt, glänzend, weißrosa, fleischbräunlich bis bräunlich mit grauen bis graubraunen, konzentrisch angeordneten warzenartigen Pusteln bedeckt, die durch Regen auch abgewaschen sein können, Huthaut abziehbar. **Lamellen:** weiß, im Alter und an Fraßstellen weinrötlich. **Stiel:** bis 10 cm lang, bis 2,5 cm dick, aufwärts verjüngt, weißer Ring hängend, oberseits kammartig gerieft, Stielbasis knollig verdickt, bisweilen mit feinen Warzenkränzen, ohne Scheide. **Fleisch:** weiß, geruchlos, unter der Huthaut rötlich, Fleisch bei Verletzung rötend (Name!) – z.B. an Madenfraßstellen. **Sporenpulver:** weiß. **Vorkommen:** Juni – Oktober, im Laub- und Nadelwald. gerne unter Fichten und Buchen; allgemein verbreitet. **Wert:** guter Speisepilz, muss gut erhitzt werden, da er hitzelabile Hämolysine enthält, die jedoch durch ausreichendes Braten oder Kochen zerstört werden. Der Pilz ist oft von Maden heimgesucht und sein Fleisch ist leicht verderblich. Die Hüte können wie „Schnitzel" gebraten werden.

Verwechslung: mit stark giftigem Pantherpilz (S. 64) und dem minderwertigen Grauen Wulstling (S. 65). Bei Beachtung der rötlichen Verfärbung des Fleisches, der grau bis graubraunen Pusteln auf dem Hut, des unauffälligen Geruchs sowie der deutlich gerieften Manschette ist eine Verwechslung mit dem Pantherpilz kaum möglich. Der Graue Wulstling hat einen rübenartigen Geruch und weist keine rötliche Verfärbung des Fleisches auf.

Narzissengelber Wulstling

Amanita gemmata
Syn.: *Amanita junquillea*

Hut: 5 – 10 cm, jung halbkugelig, später flach gewölbt, Oberfläche glatt, glänzend, feucht schwach schmierig, zitronen- bis ockergelb, auch +/– orangegelb, Hutzentrum meist etwas dunkler, jung mit unregelmäßig angeordneten weißen Hüllresten, Rand kurz gerieft. **Lamellen:** frei stehend, weiß. **Stiel:** bis 10 cm lang, bis 1 cm dick, zylindrisch, weiß, weißliche Manschette herabhängend und schnell vergänglich, bisweilen fehlend, Basis erscheint gerandet knollig (ähnlich Pantherpilz) durch abgestutzte Scheide. **Fleisch:** dünn, weiß, zart, unter der Huthaut etwas gelblich, +/– geruchlos oder schwach kartoffelartig, Geschmack mild. **Sporenpulver:** weiß. **Vorkommen:** Juni bis Oktober meist einzeln in Laub- und Nadelwäldern, bevorzugt unter Waldkiefern. **Wert:** giftig, Symptome wie beim Fliegenpilz, enthält ähnlich wie bei Fliegen- und Pantherpilzen die Nervengifte Ibotensäure und Muscimol.

Verwechslung: mit dem leicht giftigen, deutlich nach rohen Kartoffeln riechendem Gelben Knollenblätterpilz (S. 70, siehe dort) mit +/– gelblichen Hüllresten auf der Hutoberfläche und +/– ungerieftem Hutrand.

Porphyrbrauner Wulstling

Amanita porphyria

Hut: 4 – 8 cm, jung stumpfkegelig, bald flach ausgebreitet, „porphyrbraun" (Name!) bis grauviolett, meist mit grauvioletten Hüllresten bedeckt, Rand nicht gerieft. **Lamellen:** frei, weiß, eng stehend. **Stiel:** bis 10 cm lang, bis 1,5 cm dick, zylindrisch, weißlich bis grauviolettlich, dünner, zarter, unterseits grauvioletter, hängender Ring, unterhalb des Rings fein genattert, mit bis zu 4 cm breiter Knolle mit abgesetzter, umlaufender Kante, meist mit Hüllresten. **Fleisch:** weiß, Geruch nach Kartoffelkeimen, Geschmack rettichartig. **Sporenpulver:** weiß. **Vorkommen:** Juli bis Oktober, besonders unter Koniferen auf sauren Böden, nicht selten. **Wert:** giftig, enthält wie der Gelbe Knollenblätterpilz Bufotenin (ein Krötensekret, vgl. S. 70) und giftverdächtige Alkaloide, verursacht den Magen-Darmtrakt betreffende Pilzvergiftungen.

Verwechslung: nah verwandt mit dem Gelben Knollenblätterpilz; ähnlich ist der stark giftige Pantherpilz mit gestreiftem Hutrand und einer stulpenförmig abgesetzten Knolle (S. 64); der Graue Wulstling hat eine rein weiße, oberseits geriefte Manschette (S. 65).

Fuchsiger oder Rotbrauner Scheidenstreifling

Amanita fulva

Hut: 5 – 8 cm, jung eiförmig, später konvex, glänzend, mit stumpfem Buckel, rot- bis orangebraun, typisch „kammartig geriefter Hutrand" (daher der Name „Streifling"). **Lamellen:** am Stiel frei, weißlich. **Stiel:** bis 12 cm lang, bis 1,5 cm breit, weißlich bis blassrotbräunlich, hohl, gebrechlich, ohne Ring, ungenattert, Basis mit äußerlich rotbrauner Scheide („Volva"). **Fleisch:** weiß, dünnfleischig, Geruch unauffällig. **Sporenpulver:** weiß. **Wert:** der häufige, essbare Pilz muss gut erhitzt werden (enthält Hämolysine, die beim Kochen zerstört werden), also roh giftig; als Mischpilz geeignet. **Vorkommen:** Juni – Oktober im Laub- und Nadelwald, gerne unter Kiefern und Birken auf sauren Böden.

Verwechslung: möglich mit – meist unter Eichen wachsendem – ebenfalls essbarem, am Stiel genatterten, selteneren Orangegelben Scheidenstreifling *(Amanita crocea)*. Es gibt in unseren Wäldern, Park- und Gartenanlagen noch weitere graue, grau- bis olivbraun farbige Scheidenstreiflinge (z.B. Grauer Scheidenstreifling *(A. vaginata)*, Zweifarbiger Scheidenstreifling *(A. battarrae)* oder Grauhäutiger Scheidenstreifling *(A. submembranacea)*, die allesamt essbar sind.

Gelber Knollenblätterpilz

Amanita citrina

Hut: 5 – 10 cm, jung halbkugelig, dann konvex ausgebreitet, gelblich, (meist) gelbgrünlich oder weiß, mit schollenförmig anliegenden gelblichen bis gelegentlich braun fleckenden Hüllresten, die jedoch vom Regen auch abgewaschen sein können, Hutrand +/– ungerieft. **Lamellen:** frei, weiß – blassgelb. **Stiel:** bis 12 cm, 1 – 1,5 cm dick, weißlich, gelblich getönt, mit blassgelblichem, hängendem Ring (Manschette); Knolle meist mit abgesetzter Kante, selten mit Hüllresten. **Fleisch:** weiß, Geruch typisch nach rohen, bzw. keimenden Kartoffeln („Kartoffelkeller"). **Sporenpulver:** weiß. **Wert:** roh giftig; enthält ebenso wie der Porphyrwulstling Bufotenin (Bestandteil des Drüsensekrets von Kröten), das jedoch bei der Verdauung abgebaut wird und angeblich durch Hitze zerstört wird. Zusätzlich spielen hier auch ungesättigte Kohlenwasserstoffe eine Rolle, die Unverträglichkeitsreaktionen (z.B. Blähungen, Durchfall) auslösen können. **Vorkommen:** August – November, insbesondere in sandigen Nadelwäldern, doch auch in Mischwäldern, häufig.

Verwechslung: kann sehr leicht(!) mit dem tödlich giftigen Grünen (S. 71) und Kegelhütigen Knollenblätterpilz (S. 72) oder dem fast geruchlosen, intensiver gelben, giftigen Narzissengelben Wulstling (S. 68) – mit gerieftem Hutrand und weißen Hüllresten auf der Hutoberfläche – verwechselt werden.

Grüner Knollenblätterpilz

Amanita phalloides

Hut: 5 – 12 cm, anfangs eiförmig, im Jugendstadium mit einer äußeren weißen Hülle „eischalenförmig" umgeben, nach Aufschirmen graugrün, gelbgrün bis olivgrün, radialfaserig, meist ohne Flocken (selten mit weißen Hüllresten), Huthaut läßt sich stückweise abziehen. **Lamellen:** am Stiel frei, weiß, im Alter bisweilen blassgrünlich getönt. **Stiel:** bis 15 cm lang, bis 2 cm dick, weißlich bis grünlich, oft mit „zickzackartigem" Bandmuster, mit hängender, oberseits schwach gerieften Manschette, Basis des Stiels knollig verdickt, mit häutiger, weißlicher, abstehender Scheide (Rest der Gesamthülle). **Fleisch:** weiß, zart, unter der Huthaut gelbgrünlich; im Jugendstadium nahezu geruchlos, bald aufdringlich süßlich („kunsthonigartig"). **Sporenpulver:** weiß. **Vorkommen:** Juli bis Oktober in Laub- und Mischwäldern, Parkanlagen, Alleen, Gärten, insbes. unter Eichen und Buchen, wechselnd häufig. **Wert:** tödlich giftig; hitzestabile Amatoxine (Lebergifte); in der Regel lange Latenzzeit (6 – 24 Stunden). Wirkung: Blockierung der Eiweißsynthese in den Leberkernzellen, Folge: Zelltod.

Verwechslung: bei sorgfältigem Studium der wesentlichen Merkmale ist eine Verwechslung nicht leicht möglich! Eine mögliche Verwechslung besteht mit dem Gelben Knollenblätterpilz (S. 70), sowie nicht leicht mit grünen Täublingen und Ritterlingen. Man beachte die häutige, die Knolle umgebende Scheide, die weißen, freien Lamellen, die abziehbare Huthaut und den besonders im Alter aufdringlichen süßlichen, unangenehmen Geruch!

Kegelhütiger oder Spitzhütiger Knollenblätterpilz

Amanita virosa

Hut: 5 – 10 cm, weiß, jung eiförmig, anschließend kegelig (ohne Velumreste), im Alter gewölbt mit stumpfem Buckel, leicht klebrig oder schmierig, Huthaut abziehbar, Rand lange eingerollt. **Lamellen:** weiß, gedrängt. **Stiel:** bis 12 cm lang, bis 1,5 cm dick, apikal verjüngt, Ring leicht flüchtig, unterhalb der dünnhäutigen schwach gerieften Manschette längsfaserig aufgerissen. Stiel basal knollig mit lappiger Scheide. **Fleisch:** weiß, Geruch frisch unangenehm süßlich, später leicht aasartige Komponente annehmend. **Sporenpulver:** weiß. **Vorkommen:** Juli bis Oktober in sauren Nadelwäldern, selten unter Eichen oder Buchen. **Wert:** tödlich giftig; enthält ebenso wie der Grüne Knollenblätterpilze Amatoxine, die die gleichen letalen Schädigungen der Leberzellkerne bewirken.

Verwechslung: im noch geschlossenen Zustand kann der Pilz leicht mit essbaren Champignons verwechselt werden. Letztere haben jedoch rosafarbene bis braune Lamellen (sind also niemals reinweiß!), einen unauffälligen bis angenehm anis- bzw. bittermandelartigen Geruch und keine Knolle mit anliegender Scheide. Der im Laubwald unter Eichen und in Parkanlagen wachsende ebenfalls tödlich giftige Weiße Knollenblätterpilz *(Amanita verna)* hat einen konvexen, nicht kegeligen Hut und glatten Stiel. Weiterhin besteht eine Verwechslungsmöglichkeit bei dem meist in Gärten sowie in Parkanlagen wachsenden Magen-Darm-giftigen Rosablättrigen Egerlingsschirmling *(Leucoagaricus leucothites)*; dessen Lamellen sich nach längerem Liegen rosa verfärben; außerdem weist dieser Egerlingsschirmling keine lappige Scheide auf.

Weißer Rasling, Weißer Büschelrasling, Lerchenspornritterling

Leucocybe connata Syn.: *Clitocybe connata, Lyophyllum connatum*

Hut: 5 – 7 cm, jung halbkugelig, dann konvex bis ausgebreitet mit herunter gebogenem sowie wellig verformtem Rand, Huthaut jung firnisartig bereift, weiß bis grauweiß, mitunter +/– durchwässert erscheinend, Oberfläche matt bis +/– seidigem Glanz. **Lamellen:** sehr dicht, schwach herablaufend, weißlich bis creme. **Stiel:** bis 9 cm lang, bis 2 cm dick, zylindrisch, bisweilen etwas bauchig verdickt, basal oft zugespitzt, weiß mit mehlig bestäubter Spitze, alt gelblich, seidig-faserig, alt +/– hohl, dicht büschelig (Name!) wachsend. **Fleisch:** weiß, knorpelig, Geruch charakteristisch süßlich-parfümiert (ähnlich Geruch des Hohlen Lerchensporn (Name!), Geschmack mild, +/– mehlig. **Sporenpulver:** weiß. **Vorkommen:** August bis November meist dicht büschelig im Laub- und Nadelwald in der Laub- und Nadelstreu, an grasigen sowie geschotterten Weg- und Straßenrändern, gerne an ruderalen Standorten.

Wert: giftig. Dieser Rasling galt in früheren Jahren als schmackhafter Speisepilz. Neuere Forschungen haben ergeben, dass dieser Pilz hitzestabile mutagene (erbgutverändernde) Inhaltsstoffe (Lyophyllin und Connatin) enthält. Auch eine karzinogene (krebsauslösende) Wirkung dieser Inhaltsstoffe wird diskutiert. Weiterhin wird in der Literatur auch von Fällen der individuellen Alkoholunverträglichkeit berichtet. Wir empfehlen dringend vom Genuss dieses Pilzes Abstand zu nehmen.

Verwechslung: möglich mit einer Reihe von weißen, meist hochgiftigen Trichterlingen (z.B. dem Bleiweißen Trichterling oder dem Feldtrichterling); diese Trichterlinge weisen einen anderen Geruch auf. Der essbare Mehl-Räsling (S. 96) hat einen auffällig ranzig-mehligen Geruch, stark herablaufende Lamellen und einen rosafarbenen Sporenstaub.

Nelken-Schwindling

Marasmius oreades

Hut: 2 – 5 cm, zuerst +/– glockig, dann verflacht, oft stumpf gebuckelt, hygrophan, wellig verbogen, Rand bisweilen etwas gefurcht, dünnfleischig, fett glänzend, feucht hell orangeocker bis rotbräunlich, trocken cremeorange ausblassend, austrocknend zusammenschrumpfend und bei Regen wieder auflebend (Name!). **Lamellen:** blass weißlich-creme, dicklich, entfernt stehend, am Grunde anastomosierend. **Stiel:** bis 7 cm lang, bis 0,5 cm dick, voll, zylindrisch, schlank, sehr biegsam sowie zäh, feinfilzig bis schorfig, weißlich bis ocker-, bräunlich. Basis striegelig. **Fleisch:** weißlich bis ockergelbbraun, Geruch und Geschmack angenehm würzig, Geschmack mild. **Sporenpulver:** weiß. **Vorkommen:** Mai bis Oktober meist in Hexenringen auf Wiesen, Weiden, Fußballplätzen, in Gärten, sehr häufig. Der Wachstumsbereich an der Peripherie des meist in Reihen oder sog. Hexenringen auftretenden Myzels ist meist aufgrund der freigesetzten Stickstoffverbindungen auffällig grün gefärbt. **Wert:** Guter Speisepilz, sehr gut als Suppenpilz verwendbar, jedoch auch lecker mit Rührei; Einfrieren und Trocknen (als Trockenpilze feine Würze) möglich. Grundsätzlich nur die Hüte verwenden, da Stiele zäh. Info: Der Pilz ist roh giftig, da in ihm Blausäure (HCN) nachgewiesen wurde. Beim Trocknen (über 50 Grad) und beim Erhitzen werden die Pilze entgiftet. Es wurde bewiesen, dass Blausäure in Pilzen kein Risiko darstellt, da Pilze grundsätzlich ja nicht roh verzehrt werden. Wenn einem Nelkenschwindlinge im Rasen nicht gefallen, einfache Lösung: Pilze ernten, Suppe kochen, aufessen.

Verwechslung: von den ähnlichen Wiesenpilzchen ist der Nelken- Schwindling durch seinen festen Habitus und dem aromatischen Geruch zu unterscheiden. Der ähnliche – als Speisepilz problematische – Waldfreund-Rübling (S. 76) hat einen krautig-säuerlichen Geruch, engstehende Lamellen, einen glatten, knorpeligen, orangebräunlichen Stiel mit weißen Würzelchen („Myzelrhizoiden"), wächst gesellig bis büschelig meist im Laub- und Nadelwald. Ähnlich sind auch kleine giftige Trichterlinge mit dünnen und dichtstehenden, gerade angewachsenen bis deutlich herablaufenden Lamellen; die Stiele sind nicht zäh und biegsam, sondern faserig-brüchig.

Maipilz, Mairitterling

Calocybe gambosa

Hut: 3 – 15 cm, jung halbkugelig, lange eingerollt, später flach gewölbt, fast etwas „wildlederartig", oft wellig, weiß bis cremebeige, dickfleischig und kompakt. **Lamellen:** weiß bis cremefarben, ausgebuchtet angewachsen, dicht stehend. **Stiel:** bis 8 cm lang, bis 2 cm dick, weiß, kompakt, ringlos. **Fleisch:** weiß, festfleischig, mit starkem Geruch und Geschmack nach ranzigem Mehl. **Sporenpulver:** weißlich-creme. **Vorkommen:** bereits zur Apfelblüte, April – Juni, vorwiegend an grasigen Stellen an Weg- und Waldrändern, Gärten, Parkanlagen und Alleen, an Flussufern und Bachläufen, bevorzugt auf mineralreichen Böden. **Wert:** excellenter Frühjahrspilz, essbar; zur Reduzierung des starken Mehlgeruchs ist vorheriges Blanchieren anzuraten; Empfehlung: kross in Butter gebraten mit Scheibe Toast oder Knäckebrot.

Verwechslung: am ehesten mit dem sehr giftigen zur gleichen Zeit erscheinenden Ziegelroten Risspilz (S. 107) mit anderem Geruch; der giftige Risspilz ist jung ebenfalls weiß, im Alter ziegelrot anlaufend, der Hut eher kegelförmig und radialfaserig, die Lamellen jung weiß, dann graubeige bis olivbraun und unterscheidet sich deutlich durch sein erdbraunes Sporenpulver; außerdem ev. verwechselbar mit weniger kompakten giftigen weißen Trichterlingen sowie mit dem essbaren, stark „duftenden" Mehl-Räsling (S. 96) mit stark herablaufenden, sich rosa verfärbenden Lamellen.

Waldfreund-Rübling

Gymnopus dryophilus Syn.: *Collybia dryophila*

Hut: 2 – 6 cm, anfangs gewölbt, später verflachend und mitunter wellig bis flatterig, glatt, feucht etwas fettig, feucht orange-, gelb- bis rotbraun und bis zur Hälfte durchscheinend gerieft, im Alter mit dunklerer Mitte und hellerem Rand, trocken Oberfläche cremeweißlich (hygrophan). **Lamellen:** sehr engstehend, weiß bis cremefarben, aus denen bei Erschütterung oft kleine Käfer und Fliegen „flüchten". **Stiel:** bis 10 cm lang, bis 0,5 cm dick, zylindrisch, cremebeige, blassgelblich orangebraun bis fuchsigrot, glatt, zäh, fettglänzend, charakteristisch knorpelig berindet und alt hohl, Stielbasis weißfilzig und +/ aufgeblasenkeulig und mit Myzelfäden behaftet (beim Sammeln weiß bis gelbliche feine Myzelstränge – ähnlich kleinen „Würzelchen" – sichtbar). **Fleisch:** weisslich, Geruch mild, ähnlich frisch gesägtem Holz, Geschmack mild. **Sporenpulver:** weiß bis hellcreme. **Vorkommen:** Mai bis November im Laub- und Nadelwald, in Park- und Gartenanlagen, sehr häufig. Ähnlich den Schwindlingen schrumpfen Waldfreund-Rüblinge bei Trockenheit, um bei feuchter Witterung wieder aufzuleben. **Wert:** essbar, aber minderwertig. Gut erhitzen (enthält hitzelabile Hämolysine). Stiele sind unbrauchbar. Achtung: Dieser Pilz wird nicht von jedermann vertragen, kann Magen-Darmbeschwerden auslösen!

Verwechslung: der Waldfreund-Rübling ist sehr veränderlich. Nah verwandte, ähnliche Waldfreund-Rüblingsarten z.B. der Hellhütige Waldfreund-Rübling *(G. aquosus)* oder der Gelbblättrige Waldfreund-Rübling *(G. ocior)* sind ebenfalls essbar. Der meist im Buchenwald wachsende giftige Striegelige Rübling *(G. hariolorum)* hat einen teilweise deutlich striegeligen Stiel und sein unangenehmer Geruch erinnert an fauligen Kohl. Der meist im Buchenwald wachsende sehr häufige schwach giftige Brennende Rübling *(Gymnopus peronatus)* hat weit stehende Lamellen, die untere Hälfte des Stiels ist auffallend striegelig-zottig, der Geschmack des Fleisches pfeffrig, brennend scharf (Name!).

Gemeiner oder Blassblättriger Lacktrichterling

Laccaria tetraspora Syn.: *Laccaria laccata* var. *pallidifolia*

Hut: 2 – 5 cm, jung halbkugelig, dann konvex, jung glatt und kahl, später feinschuppig, Mitte meist vertieft, Rand lange eingerollt und wellig verbogen, feucht deutlich gerieft, feucht rosa, rosa- bis rötlichbraun, hygrophan, trocken blasscreme, beigefarben bis rötlichocker ausblassend. **Lamellen:** fleischrosa, zunehmend von weißem Sporenstaub bepudert. **Stiel:** bis 8 cm lang, bis 0,8 cm dick, zylindrisch, oft wie „gedreht", fleischbräunlich bis rötlich, längsfaserig gestreift, bisweilen auch verbogen. **Fleisch:** fleischrötlich, Geruch unauffällig bis leicht würzig, Geschmack mild. **Sporenpulver:** weiß. **Vorkommen:** Mai bis November, in Wäldern, an Wald- und Wegrändern, aber auch in Park- und Gartenanlagen, zwischen Moosen und Gräsern, aber auch auf nacktem Boden, sehr häufig. **Wert:** brauchbarer Mischpilz.

Verwechslung: der in vielen Pilzbüchern beschriebene, allerdings viel seltenere Rötliche Lacktrichterling *(Laccaria laccata* var. *laccata)* unterscheidet sich letztlich nur durch die Sporenform; es existieren hier noch eine Reihe von ähnlichen Lacktrichterlingen so z.B. der Zweifarbige Lacktrichterling *(Laccaria bicolor)*, der Braunstielige Lacktrichterling *(L. proxima)* sowie einige weitere kleinere Arten der Gattung – allesamt essbar.

Violetter Lacktrichterling, Lack-Bläuling

Laccaria amethystina

Hut: 2 – 5 cm, jung gewölbt, später abgeflacht, oft unregelmäßig wellig, bisweilen etwas genabelt, glatt bis feinfilzig, in Hutmitte schwach schuppig, Rand lange herabgebogen, hygrophan, feucht sattviolett bis lilafarben, trocken oder im Alter weißlich bis hell lila ausblassend. **Lamellen:** entfernt stehend und dick, am Grund mit Anastomosen, violett. **Stiel:** bis 8 cm lang, 0,6 cm dick, zähfleischig, ringlos, zylindrisch und oft verbogen, mit weißlichen Längsfasern auf violettem Grund, Stielbasis durch Myzelverbindungen filzig. **Fleisch:** blassviolett, Geruch und Geschmack mild pilzig. **Sporenpulver:** weiß. **Vorkommen:** Juli bis November in Laub- und Nadelwäldern, Parkanlagen, bodenvag, sehr häufig. **Wert:** guter Mischpilz. Als „Essigpilze" besonders attraktiv! Der Lila Lacktrichterling reichert nach jüngeren Studien Dimethylarsinsäure (DMA) an. Der Arsengehalt aus unbelasteten Gegenden kann vernachlässigt werden, wenn ein Mischpilzgericht nur einige Fruchtkörper enthält.

Verwechslung: eigentlich wegen seinem gänzlich violett- bis lilafarbenem Aussehen kaum zu verwechseln. Der giftige Rettichhelmling *(Mycena pura)* kann im jungen Zustand eine gewisse Ähnlichkeit besitzen, hat jedoch weiße Lamellen und riecht nach Rettich.

Rötlicher Holzritterling, Purpurfilziger Holzritterling

Tricholomopsis rutilans

Hut: 5 – 15 cm, jung halbkugelig mit eingerolltem Rand, glockig-stumpfkegelig, dann verflacht und Rand +/ wellig verbogen, anfangs purpurrot filzig, später auf gelbbraunem Grund angedrückt weinrot bis dunkel purpurrot flockig-schuppig, im Alter mitunter der gelbe Grundton vorherrschend. **Lamellen:** goldgelb, tiefgründig etwas anastomosierend. **Stiel:** bis 14 cm lang, bis 2 cm dick, zylindrisch, oft verbogen, im Alter hohl, Spitze gelblich-weiß, ansonsten auf gelblichem Grund mit purpurnen filzigen Flocken bedeckt. **Fleisch:** gelblich, fest, Geruch und Geschmack dumpfmuffig. **Sporenpulver:** weiß. **Vorkommen:** Juli bis November einzeln oder büschelig auf oder neben Nadelholzstümpfen von insbes. Fichten oder Kiefern wachsend, häufig. **Wert:** aufgrund des dumpfmuffigen Geschmacks sollte dieser Pilz nur in geringen Mengen in jungem Zustand und dann nur im Mischgericht Verwendung finden. Die Huthaut sollte vorsorglich entfernt werden. Ältere Pilze erzeugen bei empfindlichen Personen öfter Übelkeit und Erbrechen.

Verwechslung: mit dem höherwertigeren und selteneren Olivgelben Holzritterling *(T. decora)* mit goldgelbem Hut und olivbraunen Schüppchen (Huthaut also ohne Rottöne), der eher in montanen Nadelwäldern (vorwiegend an Fichte) vorkommt.

Breitblättriger Holzrübling, Breitblatt

Megacollybia platyphylla Syn.: *Clitocybula platyphylla, Oudemansiella platyphylla*

Hut: 4 – 12 cm, flach gewölbt, glatt, trocken, charakteristisch radialstreifig und manchmal +/– schuppig aufgerissen, meist mit stumpfkegeligem Buckel, bei Trockenheit am Rand eingerissen, weißlich, grau-, oliv- bis dunkelbraun. **Lamellen:** weißlich bis cremefarben, bis 3 cm breit (Name!) und entfernt stehend, schartig gekerbt. **Stiel:** bis 15 cm lang, bis 2 cm dick, zylindrisch, zäh, weiß bis beigebraun, längsriefig, mitunter etwas „verdreht", Basis verdickt und mit langen, weißen Myzelsträngen. **Fleisch:** weißlich, dünn, zäh, Geruch erdigmuffig bis etwas bitter. **Sporenpulver:** weiß. **Vorkommen:** Mai bis November an morschen Laub- und (seltener) Nadelholzstümpfen, liegenden Ästen, aber auch vergrabenem Holz, sehr häufig. **Wert:** kein Speisepilz. In einzelnen älteren Pilzbüchern als „essbar" bezeichnet. Andere Autoren stufen den Breitblättrigen Holzrübling wegen des muffigen und des bisweilen bitteren Geschmacks als ungenießbar ein. Da er gelegentlich zu Magen-Darmbeschwerden führt, sollte er nicht gegessen werden!

Verwechslung: bei Beachtung der auffällig breiten Lamellen, des Wuchsortes und der langen weißen Myzelsträngen an der Stielbasis kaum verwechselbar.

Grünling, Echter Ritterling

Tricholoma equestre s.l. Syn.: *T. flavovirens, T. auratum*

Hut: 5 – 8 cm, jung halbkugelig bis breitglockig, später konvex bis flach ausgebreitet, Rand stark eingerollt, mitunter stumpfbuckelig, meist Rand unregelmäßig wellig, trocken klebrig, meist Hutoberfläche mit sandigen Teilchen bedeckt, feucht sehr schmierig, auf grünlich-braunem, bräunlich- bis grüngelbem Grund braun radial faserschuppig. **Lamellen:** gedrängt, zitronen- bis schwefelgelb. **Stiel:** bis 10 cm lang, bis 2 cm dick, zylindrisch, schwefelgelb, braun faserigschuppig. **Fleisch:** weißlich bis gelblich, Geruch stark mehlartig, Geschmack mild, mehlartig. **Sporenpulver:** weiß. **Vorkommen:** September bis November in Laub- und Nadelwäldern, gerne in sandigen Kiefernwäldern, nur mehr zerstreut wachsend. **Wert:** tödlich giftig. In älteren Pilzbüchern wurde der früher häufige Grünling als guter Speise- und Marktpilz deklariert und auch als ergiebiger Speisepilz von vielen Pilzsammlern geschätzt und seit Jahrzehnten in großen Mengen – offenbar ohne Schaden – gegessen. Zwischen 1992 und 2000 wurden jedoch in Frankreich nach wiederholtem Genuss von Grünlingen 12 Vergiftungen (davon 3 tödlich) registriert. Es wurde hier eine sog. Rhabdomyolyse (= Zersetzung der quergestreiften Muskulatur mit anschl. Niereninsuffizienz) festgestellt. Das ursächliche Toxin sowie die genaueren Umstände der Vergiftungen konnte nicht geklärt werden. Vermutlich kommt bei den Vergiftungsfällen in Frankreich dem „wiederholten Genuss" innerhalb von 2 bis 3 Tagen eine besondere Bedeutung zu. Auch in den Folgejahren (z.B. 2003 und 2009) wurden in Polen Vergiftungsfälle gemeldet, mit teilweise tödlichem Ausgang. Bei in Deutschland und in Polen (2005) durchgeführten Verkostungsversuchen blieb der Genuss des Grünlings wiederum ohne Folgen. Solange die Wirksubstanz nicht aufgeklärt ist, ist allen Spekulationen Tür und Tor geöffnet.Aus juristischen Gründen muss der Grünling – vorbehaltlich endgültiger wissenschaftlicher klärender Erkenntnisse – als „tödlich giftig" eingestuft werden. Im übrigen: Der Grünling ist in Deutschland nach der Bundesartenschutzverordnung geschützt und darf ohnehin grundsätzlich nicht gesammelt werden!

Verwechslung: der in allen Teilen schwefelgelbe ungenießbare Schwefelritterling *(T. sulphureum)* mit leuchtgasartigem Geruch sowie der brennend scharfe Grüngelbe Pfeffer-Ritterling *(T. aestuans)*.

Erd-Ritterling, Graublättriger oder Mäusegrauer Erdritterling

Tricholoma terreum

Hut: 3 – 8 cm, jung glockig gewölbt, dann ausgebreitet mit meist flachem Buckel, Hutrand anfangs eingerollt, im Alter oft wellig-flatterig, hell-, dunkelgrau bis graubraun, Rand oft gekerbt, bisweilen eingerissen, trocken, angedrückt schwärzlich radialfaserig oder feinschuppig (nicht wollig!). **Lamellen:** zuerst dicht stehend weiß, dann entfernt und zunehmend vom Hutrand her grau verfärbend, bisweilen rostfleckig, Schneiden schartig gekerbt. **Stiel:** bis 8 cm lang, bis 1 cm dick, zylindrisch, weiß bis blassgrau, Stielbasis manchmal etwas verdickt, oft etwas verbogen, bei Berührung rostbräunlich fleckend, Stielspitze +/– bereift, alt hohl. **Fleisch:** weißlich, weich, Geruch und Geschmack unauffällig (riecht nicht nach ranzigem Mehl wie viele ähnliche Arten!). **Sporenpulver:** weiß. **Vorkommen:** Juli bis November in Nadelwäldern , bevorzugt unter Kiefern auf nährstoffreichen Kalkböden , gerne auch entlang kalkgeschotterter Waldwege, auf Waldlichtungen, Kahlschlägen oder in Parks oder Friedhofanlagen, im Spätherbst oft Massenpilz. **Wert:** ein brauchbarer Mischpilz. Nach neuesten wissenschaftlichen Erkenntnissen (2014) enthält der Pilz giftige Saponaceolide (Triterpene). Die geringen Giftmengen bilden jedoch bei üblichen Verzehrgewohnheiten keine Gefahr. Wir empfehlen vorsorglich vom regelmäßigen Verzehr größerer Portionen Abstand zu nehmen.

Verwechslung: verwechselbar mit dem häufigen ebenfalls essbaren, vor allem in Parks und Gärten wachsenden Gilbenden Erdritterling *(Tricholoma argyraceum)*, dem gerne unter Rotbuchen wachsenden Rötenden Ritterling *(Tricholoma orirubens)*. Bei beiden Pilzen schmeckt das Fleisch nach „ranzigem Mehl"! Weitere ähnliche essbare Ritterlinge: der sehr seltene auf Kalkböden wachsende, essbare Schwarzschuppige Ritterling *(Tricholoma atrosquamosum)*, sowie der auf Sandböden wachsende ortshäufige, ebenfalls essbare Schwarzfaserige Ritterling *(Tricholoma portentosum)* mit typischer schwärzlicher Radialstreifung. Ähnlich ist auch der giftige in Kalkbuchenwäldern vorkommende Schärfliche Ritterling *(Tricholoma sciodes)* mit im Alter schwärzenden Lamellen sowie der im sauren Nadelwald wachsende giftige Brennendscharfe Ritterling *(Tricholoma virgatum)*. Steckbrief des seltenen sehr ähnlichen, mild schmeckenden, jedoch stark giftigen, vorzugsweise auf Kalkböden unter Rotbuchen wachsendem Tiger-Ritterling *(Tricholoma pardalotum)*: sehr kompakter und dickfleischiger Fruchtkörper (Hutdurchmesser bis 12 cm) mit meist (aber nicht immer) dunkelgrauen dachziegelartigen konzentrischen Schuppen auf weisslichem bis silbergrauem Grund, Lamellen breit und ziemlich dick, weißlich (nicht grauend), jung oft mit Wassertröpfchen besetzt (tränend), Stiel knollig bis keulenartig. Stielspitze jung ebenfalls mit Tröpfchen besetzt, an der Basis manchmal rostfleckig. Fleisch mit starkem Geruch nach „ranzigem Mehl"(!). Die grauen Erdritterlinge sollten – wegen der Verwechslungsgefahr mit dem stark giftigen Tigerritterling – nur von erfahrenen Pilzsammlern, die sich mit grauen Erdritterlingen auskennen gesammelt werden. Im geringsten Zweifelsfall hilft gerne die nächstgelegene Pilzberatungsstelle!

Gelbblättriger Ritterling

Tricholoma fulvum Syn.: *T. flavobrunneum, T. nictitans*

Hut: 3 – 12 cm, jung kegelig konvex, später flach, oft schwach gebuckelt, glatt, fein radialfaserig bis angedrückt schuppig, bei Feuchte leicht schmierig, Huthaut abziehbar, oft gerippt, aber auch glatt, rotbraun mit hellerem Rand. **Lamellen:** hellgelb, mitunter mit rotbräunlichen Flecken. **Stiel:** bis 12 cm lang, bis 2 cm dick, zylindrisch, anfangs +/– schmierig, +/– bauchig und spindelig wurzelnd, an der Spitze weiß, darunter rotbraun gefasert. **Fleisch:** weiß bis blassgelb, im Stiel gelblich bis gelb, Geruch leicht „mehlartig", Geschmack „mehlartig", bitterlich. **Sporenpulver:** weiß. **Vorkommen:** August bis Oktober in Laub- und Nadelwäldern, in Parkanlagen, Gebüschen und an Wegrändern, unter Birken, Fichten und Tannen. **Wert:** in älteren Pilzbüchern – bei gutem Erhitzen – als essbar eingestuft. Der Pilz kann Verdauungsstörungen hervorrufen. Die Hintergründe hierfür sind ungeklärt. Der Gelbblättrige Ritterling ist deshalb aus vorsorglichen Gründen als giftverdächtig einzustufen und vom Verzehr auszuschließen.

Verwechslung: mit dem giftigen insbes. im Kiefernwald wachsenden Weißbraunen Ritterling *(T. albobrunneum)* mit jung weißen Lamellen und jung weißem, auf Druck rötendem Stiel sowie dem nicht giftigen Feinschuppigen Ritterling *(T. imbricatum)* mit feinschuppigem Hut und weißlich-cremefarbenen Lamellen im sandigen Fichtenwald. Ein Doppelgänger ist der in der Literatur beschriebene Fichten-Ritterling *(Tricholoma pseudonictitans)* mit geripptem Hutrand und bei Fichten wachsend. Der Fichten-Ritterling ist möglicherweise nur eine nicht zuletzt von Wetter- und Wachstumsbedingungen beeinflusste Form des Gelbblättrigen Ritterlings, da angeblich die vermeintlich artverschiedenen Merkmale fließend ineinander übergehen; wird auch von verschiedenen Autoren mit dem Gelbblättrigen Ritterling synonymisiert.

Fuchsiger Röteltrichterling, Wasserfleckiger Röteltrichterling

Paralepista flaccida Syn.: *Lepista flaccida, Clitocybe flaccida, Lepista inversa, Lepista gilva, Paralepista gilva*

Hut: 4 – 10 cm, dünnfleischig, anfangs konvex, dann Mitte eingedellt, schon frühzeitig trichterig, glatter Rand eingebogen, meist flatterig, je nach Witterung beige bis ockergelblich mit grubigen tropfenartigen runden Flecken (Name!) oder fuchsig-orangebraunen mit bisweilen roströtlichen Flecken, bisweilen auch ohne Flecken. **Lamellen:** jung cremefarben bis cremerosa, später beigerötlich, weit herablaufend, teilweise gegabelt, gedrängt. **Stiel:** bis 5 cm lang, bis 1 cm dick, zylindrisch, auf fuchsigbraunrotem Grund weißlich überfasert, Basis mit Myzelfilz. **Fleisch:** cremeweißlich, feucht orangebräunlich, Geschmack und Geruch säuerlich. **Sporenpulver:** weißlich. **Vorkommen:** Juli bis November im Laub- und Nadelwald auf Laub- und Nadelstreu, aber auch in Park- und Gartenanlagen, gerne auf nährstoffreicher Unterlage, z.B. auf Komposthaufen oder Ablagerungen von Pflanzenmaterial. **Wert:** Kein Speisepilz. In älteren Büchern wurde dieser Pilz meist als minderwertiger Speisepilz mit wenig Eigenaroma eingestuft; er hat jedoch schon fallweise erhebliche Gesundheitsstörungen verursacht und ist grundsätzlich schwerverdaulich. In den letzten Jahren ist in Italien und Frankreich ein dem Fuchsigen Röteltrichterling sehr ähnlicher, jedoch stark giftiger Pilz aufgetaucht. Es handelt sich hier um den Parfümierten Trichterling *(Clitocybe amoenolens)*, der das sog. Acromelalga-Syndrom (z.B. starke Schmerzen in den Händen und Füßen) auslöst. Dieser könnte aufgrund der Klimaverschiebung auch in unseren Regionen auftauchen. Außerdem wird der Fuchsige Röteltrichterling noch mit einem ungeklärten Vergiftungsfall mit muscarin-ähnlichen Symptomen in Verbindung gebracht. Der Fuchsige Röteltrichterling sollte demnach nicht mehr gegessen werden.

Verwechslung: mit dem minderwertigen Ockerbraunen Trichterling *(Clitocybe gibba)* mit kleinem Buckel in der eingesenkten Mitte und meist schwach süßlich bis bittermandelartigem Geruch.

Nebelgrauer Trichterling, Nebelkappe, Herbstblattl

Clitocybe nebularis Syn.: *Lepista nebularis*

Hut: 5 – 20 cm, jung stark gewölbt mit eingerolltem Rand, bald ausgebreitet mit oft schwachem Buckel, nebel- bis graubraun, glatt, trocken aschgrau mit schimmelartigem abwischbaren Reif (Hyphen besonderer Art). **Lamellen:** cremegeblich, schwach herablaufend; die Lamellen sind nicht fest mit dem Hutfleisch verwachsen, demnach leicht vom Hutfleisch ablösbar (typisches Merkmal). **Stiel:** bis 10 cm lang, bis 4 cm breit, kompakt, ringlos, weißlich bis hellgrau, zylindrisch, längsfaserig, Basis oft keulig verdickt. **Fleisch:** jung weiß und fest, typisch ist auch der aufdringliche süßlich-mehlartige Geruch (wie „parfümiert"), Geschmack mild, säuerlich, etwas adstringierend. **Sporenpulver:** cremeweiß. **Vorkommen:** September bis November, oft massenhaft in Hexenringen in Laub- und Nadelwäldern oder Parkanlagen. **Wert:** roh giftig; der Genuss dieses Pilzes wird sehr unterschiedlich bewertet. Dieser Pilz war früher Marktpilz und wurde auf dem Münchener Viktualienmarkt unter dem Namen „Herbstblattl" verkauft. Von vielen Personen vertragen hat er jedoch auch mitunter zu schweren Magen- und Darmbeschwerden (Durchfall, Erbrechen, usw.) geführt. Wer diesen Pilz wirklich unbedingt mal essen will, sollte eine kleine Portion testweise probieren. Junge Fruchtkörper sollten blanchiert (Kochwasser wegschütten!) und mindestens 20 Minuten lang gegart werden.Der (unangenehme) „parfümierte" Geruch ist nicht jedermanns Geschmack. Wegen einem hitzestabilen Zellgift namens Nebularin und vielfältiger Unverträglichkeit wird die Nebelkappe hier als schwach giftig eingestuft! Vom Verzehr dieses Pilzes wird abgeraten!

Verwechslung: möglich mit jungen Fruchtkörpern des äußerst seltenen, giftigen Riesenrötling *(Entoloma sinuatum)* mit jung auffallend gelben, später rosafarbenen Lamellen und deutlichem mehlartigem Geruch, aber auch mit dem seltenen, essbaren Buchsblättrigen Trichterling *(Clitocybe alexandri)*, mit dem essbaren Veilchenrötelritterling *(Lepista irina)* sowie großen Exemplaren des giftverdächtigen Keulenfußtrichterlings *(Ampulloclitocybe clavipes)*.

Dunkler Hallimasch

Armillaria solidipes Syn.: *Armillaria ostoyae, A. polymyces, A. obscura*

Hut: 4 – 12 cm, jung gewölbt, später ausgebreitet, Oberfläche fleischbraun, braun, dunkel rötlichbraun, in Hutmitte mit dunkelbraunen bis schwärzlichen abwischbaren Schüppchen bedeckt, Hutrand heller, durchscheinend gerieft, oft mit Hüllresten behangen. **Lamellen:** weißlich, bald fleischfarben, im Alter oft mit braunen Flecken. **Stiel:** bis 15 cm lang, bis 2 cm dick, Stielbasis verdickt, oberer Teil weißlich, unterhalb des weißlichen, kräftigen Rings hellbraun, oberhalb der Ringzone typisch längs gestreift. Ringunterseite randständig mit braunen oder schwarzen Flocken besetzt, im Alter zäh. **Fleisch:** weiß, Geruch pilzig, Geschmack adstringierend. **Sporenpulver:** weiß. **Vorkommen:** September – November meist büschelig insbesondere auf totem und lebendem Nadelholz (vorrangig Fichte), saprophytisch und parasitisch, selten an Laubholz; auch an Wurzeln, sehr häufig. **Wert:** roh stark giftig (hitzeinstabile Hämolysine); nach überwiegender Literatur in jungem Zustand essbar, wenn a) der Pilz zuvor abgekocht (ca. 5 – 10 Minuten) und b) das Kochwasser weggeschüttet wird. Auch bei korrekter Zubereitung kann es bei empfindlichen Menschen zu Unverträglichkeitsreaktionen kommen. Andererseits gibt es jedoch auch Pilzsammler, die den Pilz – nach gründlichem Garen! – vertragen und von einer wohlschmeckenden Pilzmahlzeit berichten. Bei Erstgenuß: Abbrühen und Kochwasser wegschütten, ausgiebig braten (kleine Menge!).

Verwechslung: in erster Linie mit dem vornehmlich auf Laubholz spezialisierten Honiggelben Hallimasch *(Armillaria mellea)* mit gelbflockigem Ring und basal verjüngtem Stiel (Speisewert ähnlich) sowie mit dem ebenfalls büschelig wachsenden, bitteren ungenießbaren Sparrigen Schüppling (S. 110) mit spitzschuppigen Flocken an Hut und Stiel und olivgelben bis rostbräunlichen Lamellen (ebenfalls nur bedingt essbar). Ähnliche „Holzpilze" wie z.B. der Sparrige Schüppling, die Stockschwämmchen (S. 102,103), Schwefelköpfe (S. 104,105) oder Gifthäublinge (S. 102) können allein schon durch die Farbe des Sporenpulvers unterschieden werden. Sie besitzen allesamt ein braunes Sporenpulver, während der Hallimasch ein weißes Sporenpulver aufweist.

Elfenbein-Schneckling

Hygrophorus eburneus

Hut: 4 – 7 cm, halbkugelig-gewölbt, jung stumpf gebuckelt mit eingerolltem Hutrand, alt unregelmäßig verbogen mit eingedellter Mitte und aufgebogenem Rand, jung reinweiß, im Alter schwach gilbend, nicht verfärbend, stark schmierig-schleimig (Name!), trocken kahl und glänzend. **Lamellen:** weiß, dicklich, breit, oft etwas herablaufend, am Grunde aderig verbunden, alt gekerbt. **Stiel:** bis 10 cm lang, bis 1 cm dick, zylindrisch mit zugespitzter Basis, oben trocken und mit weißen, punktförmigen Schüppchen (kleiig) besetzt, sonst von klebrigem Schleim überzogen, ohne Ring, alt hohl. **Fleisch:** weiß, weich, Geruch säuerlich-aromatisch, Geschmack unauffällig. **Sporenpulver:** weiß bis hellcreme. **Vorkommen:** September bis November fast ausschließlich in Laubwäldern unter Rotbuchen auf lehmigen bis kalkhaltigen Böden, relativ häufig. **Wert:** essbar; die Aussagen in den verschiedenen Pilzbüchern sind widersprüchlich und reichen von „kein Speisepilz" bis „guter Mischpilz"! Der Pilz sollte auf jeden Fall gut erhitzt werden, da er hitzelabile Eiweißverbindungen enthält. Als Mischpilz ist er demnach – gut erhitzt – verwendbar!

Verwechslung: möglich mit einigen weiteren weißen Schnecklingen, so z.B. mit dem unter Fichten wachsenden Fichtenschneckling *(Hygrophorus piceae)* oder dem seltenen nur unter Birken auf basischen Böden vorkommenden Birken-Schneckling *(Hygrophorus hedrychii)*. Andere weiße Schnecklinge verfärben sich wie z.B. der unter Fichten und Buchen in Kalkgebieten wachsende Goldzahn-Schneckling *(Hygrophorus chrysodon)* oder der in Kalk-Buchenwäldern vorkommende Verfärbende Schneckling *(Hygrophorus discoxanthus)*. Alle diese weißen Schnecklinge sind nicht giftig!

Natternstieliger Schneckling, Olivbrauner Schneckling

Hygrophorus olivaceoalbus

Hut: 3 – 6 cm, jung halbkugelig bis glockig und jung mit dem Stiel durch eine schleimige Hülle verbunden, allmählich ausgebreitet mit stumpfem Buckel, bei feuchter Witterung Oberfläche mit einer dichten Schleimschicht – wie eine Schnecke (Name!) – bedeckt, trocken, +/– dunkel gestreift, seidig glänzend und fettig anfühlend, graubraun bis grauoliv, Hutmitte +/– schwarzbraun. **Lamellen:** entfernt, dicklich, wachsartig weich, im Alter weit herablaufend, jung weißlich, später creme bis gelblich, vereinzelt mit grünlich bis bläulichem Schimmer. **Stiel:** bis 12 cm lang, bis 1 cm dick, zylindrisch, Spitze weißlich und trocken, ansonsten feucht schleimig-schmierig und auf weißlichem Grund oliv- bis graubraun „genattert" (Name!). **Fleisch:** weiß, Geruch unauffällig, Geschmack mild. **Sporenpulver:** weiß. **Vorkommen:** August bis November in bodensauren Fichtenwäldern, +/– häufig. **Wert:** guter Speisepilz! Immer gut erhitzen, da er hitzelabile Hämolysine enthält!

Verwechslung: mit ähnlichen essbaren Schnecklingen z.B. dem Schwarzpunktierten Schneckling *(H. pustulatus)* mit punktiertem, nicht genattertem Stiel und ohne Olivtöne sowie dem oft erst nach den ersten Nachtfrösten in Kiefernwäldern erscheinenden nicht häufigen Frostschneckling *(H. hypothejus)* mit gelben Lamellen und fehlender Natterung.

Natternstieliger Schneckling

Samtfußrübling, Winterpilz

Flammulina velutipes s.l.

Hut: 3 – 12 cm, frostresistent, erst halbkugelig, dann flach ausgebreitet, honiggelb, ockerbraun bis orange rotbraun, in der Mitte meist bräunlich, Oberfläche glatt, bei feuchter Witterung stark schmierig, oft wellig-geschweift. **Lamellen:** jung weißlich, dann blass orange-gelb. **Stiel:** bis 7 cm lang, bis 1,2 cm dick, oft flach gedrückt, anfangs bernsteinfarben, ringlos, bald mit dunkelbraun bis schwärzlichem „samtigen" (Name!) Überzug, Stielspitze gelblich. **Fleisch:** cremefarben, erst weich, später zäh, Geruch angenehm, Geschmack mild, nussartig. **Sporenpulver:** weiß. **Vorkommen:** September bis April, meist in Büscheln an Baumstümpfen und lebenden Laubbäumen wachsend, insbes. an Weiden, Buchen, Eschen, Erlen (sehr selten an Nadelbäumen). Der Samtfußrübling benötigt zum Wachstum einen Kälteschock! Bei Frost sind die Pilze hart gefroren, aufgetaut wachsen sie weiter. **Wert:** wohlschmeckender Speisepilz (Stiele nicht verwenden), verlängert die Pilzsaison in den Winter, wenn die klassische Pilzsaison sich schon verabschiedet hat; wird auch kultiviert, in Fernost als „Enoki-Take" vermarktet. Im Samtfußrübling ist der Stoff „Flammulin" enthalten, der in Tierversuchen eine tumorhemmende Wirkung aufwies, ev. ist dies künftig auch für die Humanmedizin bedeutsam. Stiel ist sehr zäh, demnach nur die Hüte zubereiten.

Verwechslung: mit seltenem, ebenfalls essbaren von Frühjahr bis Herbst vorkommenden Blassen Samtfußrübling *(Flammulina fennae)* mit seinen weiß bis gelblichen Hutfarben (Kälteschock nicht erforderlich), der ebenfalls an Laubbäumen (insbes. Erle) wächst. Weiterhin könnten in dieser Jahreszeit noch Grün- und Rauchblättrige Schwefelköpfe (S. 104,105) wachsen, die u.a. keinen schwarzsamtigen Stiel besitzen.

Butterrübling, Kastanienbrauner Rübling

Rhodocollybia butyracea f. *butyracea*

Hut: 4 – 9 cm, flach kissenförmig, dann gewölbt-ausgebreitet, hygrophan, stumpf gebuckelt, glatt, bei Nässe fettig (Name!) glänzend, Rand jung eingerollt, fein durchscheinend gerieft, +/– rotbraun bis dunkelbraun mit dunklerer Hutmitte. **Lamellen:** gedrängt, weißlich, schwach rostfleckend, im Alter oft mit rosabräunlichem Schimmer, mit gekerbter Schneide. **Stiel:** bis 8 cm lang, bis 1,5 cm dick, zylindrisch, hohl, jung weißlich bereift, elastisch-zäh, längsfaserig bis längsrillig, knorpelig berindet, Stielbasis weißfilzig und aufgeblasen-keulig (bis 2,5 cm dick), rotbraun, im Alter hohl. **Fleisch:** weiß, unter der Huthaut und über den Lamellen +/– bräunlich, elastisch, in Stielrinde knorpelig, Geruch angenehm „würzig-harzig", Geschmack mild, angenehm. **Sporenpulver:** cremefarben bis cremerosa. **Vorkommen:** Juni bis November auf vorwiegend sauren bis nährstoffarmen Böden in Laub- und Nadelwäldern in der Laub- oder Nadelstreu, oft Massenpilz. **Wert:** brauchbarer Mischpilz; die Stiele sind zäh und sollten nicht verwendet werden.

Verwechslung: neben dem Butterrübling mit braunem Hut gibt es eine ebenso häufige grauhütige Form, die als Horngrauer Rübling *(R. butyracea* f. *asema)* bezeichnet wird. Bei den beiden Farbvarianten gibt es selbst an der gleichen Fundstelle Übergangsformen, so dass oft eine exakte Trennung nicht möglich ist. Verwechselbar mit dem essbaren, jedoch minderwertigen Verdrehten Rübling *(Rhodocollybia prolixa var. distorta)*, weiterhin mit dem im Winter auf meist Pappellaub zu findendem ungenießbaren Winter-Schüppling *(Meottomyces dissimulans)* mit Ring auf faserig-schuppigem Stiel, ockerbraunen, +/– olivstichigen Lamellen und braunem Sporenpulver, ev. auch mit dem giftigen dunkelrotbraunen gerne an der Stammbasis von lebenden Eichen oder Buchen wachsendem seltenen Spindeligen Rübling *(Gymnopus fusipes)* mit braungeflecktem, spindelig wurzelndem und +/– verdrehtem Stiel.

Gefleckblättriger Flämmling, Gemeiner Flämmling

Gymnopilus penetrans Syn.: *Gymnopilus hybridus*

Hut: 3 – 8 cm, jung halb- bis stumpfkegelig, dann gewölbt bis ausgebreitet, jung fein filzig, jedoch nicht schuppig, dann glatt und schwach eingewachsen faserig geflammt, orangegelb bis rötlichgelb, Rand meist etwas heller, wellig verbogen und oft dünnfaserig behangen. **Lamellen:** jung hell- bis goldgelb, später fuchsig bis rostfarben und oft gleichfarbig gefleckt (Name!). **Stiel:** bis 8 cm lang, bis 1 cm dick, zylindrisch, alt hohl, blassgelblich, jung längs weiß überfasert, Basis meist etwas verdickt und mit weißem Myzelfilz bewachsen, im Alter zunehmend rotbräunlich verfärbend, oft mit faseriger Ringzone (ohne häutigen Ring). **Fleisch:** gelblich, in Stielbasis bräunlich gelb, Geruch pilz- bis schwach rettichartig, Geschmack sehr bitter. **Sporenpulver:** gelbbraun. **Vorkommen:** Juli bis Dezember an morschem Holz von Nadel- und (seltener) Laubbäumen, vorwiegend an Stümpfen, Wurzeln, dicken liegenden Ästen sowie vergrabenem Totholz, aber auch auf Rindenmulch und Sägemehl, häufig. **Wert:** giftig, der sehr bittere Pilz enthält Hämolysine und Agglutinine.

Verwechslung: möglich mit sehr ähnlichem ebenfalls sehr bitterem Tannenflämmling *(Gymnopilus sapineus)*, der sich nur durch die faser-filzige bis schuppige Hutoberfläche unterscheidet. Der an Laubholz zu findende, ebenfalls bittere zitronen- bis goldgelbe Beringte Flämmling *(Gymnopilus junonius)* ist ein wesentlich kompakterer Pilz mit Stielring.

Falscher Pfifferling, Orangegelber Gabelblättling

Hygrophoropsis aurantiaca

Hut: 3 – 7 cm, jung leicht gewölbt, bald trichterförmig, fein filzig, weich und biegsam, bisweilen wellig verbogen bis flattrig, dünnfleischig, blassgelblich bis kräftig orangegelb, Hutrand lange stark eingerollt. **Lamellen:** gelblich bis orangerot, dünn, herablaufend, ablösbar, meist mehrfach gegabelt (Name!). **Stiel:** bis 5 cm lang, bis 1 cm dick, zylindrisch, mitunter etwas exzentrisch, biegsam, meist zur Basis verjüngt, hutfarben. **Fleisch:** gelborange, gummiartig elastisch, Geschmack mild, Geruch eher unangenehm muffig. **Sporenpulver:** weiß.

Vorkommen: Juli bis November im Nadel- und Mischwald an morschen Stümpfen, auf Rindenmulch oder sonstigen Holzresten, vergrabenen Fichtenzapfen oder vergrabenem Holz; im Herbst oft Massenpilz. **Wert:** die Meinungen in der Literatur reichen von minderwertig bis schwach toxisch; er kann jedoch bei Genuß von größeren Mengen Magen-Darm-Beschwerden hervorrufen.

Verwechslung: mit dem Pfifferling (S. 165, vgl. Ausführungen dort).

Knoblauchschwindling, Mousseron

Mycetinis scorodonius Syn.: *Marasmius scorodonius*

Hut: 1 – 3 cm, jung halbkugelig, beim Aufschirmen abgeflacht, matt, häutig dünn, runzelig, wellig verbogen, flattrig, rosabraun bis hellrot-bräunlich, bisweilen auch gelbbräunlich. **Lamellen:** weißlich bis cremefarben, entfernt stehend, queraderig verbunden. **Stiel:** bis 6 cm lang, bis 0,5 cm dick, rotbraun, an der Spitze blasser, glänzend, borstenartig dünn und hart. **Fleisch:** weißlich, Geruch stark nach Knoblauch. **Sporenpulver:** weiß. **Vorkommen:** Juni bis November in Nadelwäldern auf abgestorbenen Pflanzenresten (Nadelstreu, tote Zweige und Wurzeln, usw.), besonders nach Regen oft in Mengen, oft auch auf verdorrten Grasflächen von Böschungen und Straßengräben. **Wert:** getrocknet oder in Pulverform ein wertvoller Würzpilz mit Knoblaucharoma (geht durch Trocknen nicht verloren!). Laut Literatur nach Verwendung dieses Knoblauchpilzes als Würzpilz kein lauchähnlicher, unangenehmer Mundgeruch!

Verwechslung: der im Buchenwald auf basischen Böden vorkommende nicht häufige Saitenstielige Knoblauch-Schwindling *(M. alliaceus)* hat einen bereiften Stiel, weist einen aufdringlichen Knoblauchgeruch und brennend scharfen Geschmack auf, deshalb ungenießbar. Der als Massenpilz auf Fichtennadeln aufsitzende feucht fleischbräunlich, trocken beigefarbene, kleinere, ungenießbare Nadel-Stinkschwindling *(Gymnopus perforans)* hat einen bereiften, hornartigen Stiel, riecht unangenehm kohlartig mit Knoblauchkomponente. Der Geruch verliert sich beim Trocknen.

Austern-Seitling, Austernpilz, Kalbfleischpilz

Pleurotus ostreatus

Hut: 5 – 20 cm breit, +/– waagrecht abstehende, spatel- bis zungenförmige Einzelfruchtkörper, muschelförmig wie eine „Auster" (Name!), meist in gefächerter Form dachziegelartig übereinander liegend, Farbe sehr variabel: von weißlich, beige, grau, ockerbraun, blau, blaugrünlich bis olivschwarz, glatt, kahl, matt, dickfleischig, Hutrand eingerollt. **Lamellen:** jung weißlich später gelblich, dünn, schmal, unterschiedlich lang, kurz herablaufend mit Querverbindungen. **Stiel:** bis 4 cm lang, bis 2 cm dick, weiß bis grau, lateral (seitlich) angewachsen, manchmal stark reduziert, Basis oft borstig filzig. **Fleisch:** weiß bis weißgrau, jung weich, im Alter zäh, Geruch würzig, Geschmack mild. **Sporenpulver:** lilagrau. **Vorkommen:** Oktober bis April überwiegend an Laubholz, insbes. an Weide, Pappel, Birke, Buche, selten an Nadelholz, der wild wachsende Winterpilz braucht zur Fruktifikation kurzfristig einen Kälteschock. **Wert:** jung guter Speisepilz, im Alter zähfleischig. Der Austernseitling kann bekanntlich auf entsprechenden Substraten (Laubholzstümpfe, Stroh) auch kultiviert werden und ist auch im Handel erhältlich. In der traditionellen chinesischen Medizin wird dieser Pilz auch zur Stärkung der Venen eingesetzt und besitzt antibiotische sowie cholesterinsenkende Eigenschaften.

Verwechslung: ein Doppelgänger ist der im Sommer bevorzugt auf Buchenstämmen wachsende gleichwertige etwas dünnfleischigere Lungenseitling *(P. pulmonarius)*, letzterer ist etwas dünnfleischiger, hat meist – nicht immer – hellere Farben (weißlich, gelblich bis graubraun) und riecht schwach nach Anis. Weitere Verwechslungsmöglichkeit besteht mit dem zur gleichen Zeit wachsenden sowie das gleiche Substrat bevorzugende ungenießbare, leicht bitter schmeckende Gelbstielige Muschelseitling *(Sarcomyxa serotina)* mit gelbfilzigem Stiel und leicht bitterem Geschmack.

Gefleckter Rübling

Rhodocollybia maculata

Hut: 3 – 10 cm, jung halbkugelig, später konvex, kahl, glatt, fleischig, im Alter abgeflacht, lange eingebogen und mit zunehmender Reife flattrig, jung weißlich bis creme, alt ocker, rostbraun bis rostrot gefleckt. **Lamellen:** sehr gedrängt, weiß-cremefarben, Schneide gezähnt. **Stiel:** bis 10 cm lang, bis 2 cm dick, zylindrisch, Basis zugespitzt und wurzelnd, mit Längsrillen, öfter verdreht, weiß bis cremefarben, zähfleischig, untere Hälfte meist rostfleckig. **Fleisch:** weißlich, Geruch jung angenehm pilzig, im Alter unangenehm streng, Geschmack bitter. **Sporenpulver:** cremerosa.

Vorkommen: Juli bis Oktober im Laub- und Nadelwald in der Nadel- und Laubstreu, insbes. unter Fichte und Kiefer auf saurem Rohhumus, sehr häufig. **Wert:** ungenießbar bis giftig, bitter, kann mitunter gastrointestinale Beschwerden hervorrufen!

Verwechslung: durch seinen weißlichen, braunfleckenden Hut, seinem knorpeligen Habitus, den gedrängt stehenden weißcremefarbenen Lamellen, dem büscheligen Wachstum sowie dem zuerst mild, dann bitteren Geschmack kaum verwechselbar.

Schild-Rötling, Frühlingsrötling

Entoloma clypeatum

Hut: 4 – 10 cm, jung glockig, später abgeflacht, Rand lange heruntergebogen und später bisweilen wellig verbogen, meist stumpf „schildförmig" (Name!) buckelig, schwach hygrophan, seidenmatt, in feuchtem Zustand braun bis dunkelbraun, trocken +/– graubraun. **Lamellen:** jung weißlich, bald rosa bis rosabraun, Schneiden wellig gekerbt. **Stiel:** bis 10 cm lang, bis 2 cm dick, zylindrisch, ringlos, bisweilen verbogen, weiß bis graulich. **Fleisch:** weißlich, Geruch und Geschmack gurkenartig, bzw. nach ranzigem Mehl. **Sporenpulver:** braunrosa. **Vorkommen:** April bis Mai in Gärten, Parkanlagen, unter Rosengewächsen *(Rosaceae)* wie z.B. unter Felsenbirne, Weißdorn, Apfel-, Birn-, Kirschbäume usw.), erscheint mit den Maipilzen zusammen, häufig. **Wert:** kross gebraten, guter Speisepilz (wichtig: gut erhitzen). Jedoch nur von Kennern zu sammeln!

Verwechslung: der Schildrötling ist ein sehr heterogener Pilz und kommt in zahlreichen Formen vor. Ähnlich ist der ebenfalls essbare, zur gleichen Zeit und im ähnlichen Habitat wachsende Schlehenrötling *(Entoloma saepium)*, sowie der annähernd geruchlose, sehr seltene, meist kleinere April-Rötling *(Entoloma aprile)*, der sich nicht als Speisepilz eignet. Der sehr seltene giftige, kompaktere, wärmeliebende Riesen-Rötling *(Entoloma sinuatum)* wächst später im Jahr in Laubwäldern auf Kalkböden und hat jung gelbe Lamellen. Eine Verwechslung mit den essbaren Maipilzen (S. 75) wäre unschädlich. Man achte grundsätzlich auf die frühe Erscheinungszeit (April, Mai!). Wir empfehlen den Pilz vorsorglich vor dem Erstgenuss bei einer Pilzberatungsstelle „begutachten" zu lassen!

Mehl-Räsling, Mehlpilz

Clitopilus prunulus

Hut: 3 – 8 cm, anfangs halbkugelig, dann konvex ausgebreitet mit meist stumpfem Buckel und welligem Hutrand, aber auch trichterig vertieft, Rand lange eingerollt, weiß bis hellgrau, Oberfläche matt, trocken sowie fein bereift. **Lamellen:** am Stiel weit herablaufend, dünn, eng stehend, anfangs weißlich, dann durch das rosabraune Sporenpulver fleischrosa, leicht zu quetschen. **Stiel:** bis 7 cm lang, bis 1 cm dick, weißlich, faserig gerieft, ringlos, zur Stielspitze erweitert, oft exzentrisch. **Fleisch:** weiß, zart, fast unangenehm nach „ranzigem Mehl" riechend. **Sporenpulver:** rosa. **Vorkommen:** Juni bis Oktober, im Laub- und Nadelwald, auf Waldwiesen, sowie an Wegrändern. Wie der Fliegenpilz ein deutlicher Hinweis auf das Vorkommen von Steinpilzen, also „Steinpilzanzeiger"!

Wert: guter Speisepilz; der aufdringliche „Mehlgeruch" verliert sich bei der Zubereitung. Für Pilzler der französischen Schule ist der Mehl-Räsling einer der feinsten Speisepilze überhaupt.

Verwechslung: weiße, zumeist starke giftige Trichterlinge (z.B. Rinnigbereifter Trichterling) sehen oft ähnlich aus; auch kurz gestielte Weiße Raslinge (S. 73) haben ein ähnliches Erscheinungsbild. Beim erstmaligen Sammeln, empfehlen wir sorgfältiges Studium der vorstehenden Beschreibung! Sollte wegen Verwechslungsgefahr nur von Kennern gesammelt werden!

Violetter Rötelritterling

Lepista nuda

Hut: 6 – 12 cm, anfangs gewölbt, dann zunehmend ausgebreitet und oft wellig verbogen, glatt, feucht fettig glänzend, lange ungeriefter Rand eingerollt, blauviolett, violett, alt von der Mitte aus sich +/– zunehmend bräunlich verfärbend, im Alter helllila verblassend. **Lamellen:** gedrängt, intensiv violettblau, im Alter bräunlich-lila verfärbend. **Stiel:** bis 12 cm lang, bis 3 cm dick, zylindrisch, Basis leicht verdickt, jung violett, später ausblassend, meist weißlich überfasert, Stielbasis mit dem Substrat stark verwachsen und meist mit lilabräunlichem Myzelfilz bedeckt. **Fleisch:** weißlich, lila bis tiefviolett, Geruch angenehm süßlich, Geschmack mild. **Sporenpulver:** fleischrosa. **Vorkommen:** April/Mai und August bis November in Laub- und Nadelwäldern, stickstoffliebend, an Waldrändern, auf kompostierten Stellen, auf grasigen Wegen, in Gärten, Parkanlagen, häufig. **Wert:** wohlschmeckender Speisepilz (soll bluckdrucksenkende Wirkung aufweisen), roh giftig (enthält hitzelabile Hämolysine und Agglutinine), demnach gut erhitzen.

Verwechslung: mit essbarem Blassblauen Rötelritterling *(L. glaucocana)*. Ähnlich sind auch violettgraue Formen des essbaren, kleineren Schmutzigen Rötelritterlings *(Lepista sordida)*, dessen Hutbreite i.d.R. bei 6 cm endet und meist einen erdigmuffigen Geruch aufweist. Weiterhin der essbare, seltene im Spätherbst und in milden Wintern erscheinende Lilastiel-Rötelritterling *(Lepista personata)* mit meist grau bis bräunlichem Hut und kräftig violettblauem Stiel. Letzterer wurde von der Deutschen Gesellschaft für Mykologie zum „Pilz des Jahres 2016" gekürt. Es gibt hier noch einige blaue giftige Haarschleierlinge, deren Sporenpulverfarbe jedoch rostbraun ist und auch einen anderen, zum Teil widerlichen Geruch aufweisen (z.B. Lila Dickfuß (S. 118) und Bocks-Dickfuß).

Anisegerling, Schafegerling, Schafchampignon

Agaricus arvensis

Hut: 10 – 20 cm, jung halbkugelig, dann flach gewölbt, jung weiß bis creme, +/– stark gilbend. **Lamellen:** am Stiel frei, jung graurosa, alt dunkel- bis schwarzbraun, nie rosa. **Stiel:** bis 15 cm lang, 1 – 3 cm dick, weiß, auf Druck gilbend, mit hängendem, häutigem an der Unterseite „zahnradartigem" Ring. **Fleisch:** weiß, im Schnitt gilbend, Geruch anisartig. **Sporenpulver:** dunkelbraun. **Vorkommen:** Mai bis Oktober, meist außerhalb des Waldes, auf gedüngten Wiesen, in Garten- und Parkanlagen, häufig. **Wert:** sehr guter Speisepilz; Anisgeruch wandelt sich in ein köstliches Aroma um. Enthält leider(!) – wie die anderen gilbenden Egerlinge – durch Akkumulation erhöhte Werte des giftigen Schwermetalls Cadmium. Der überwiegende Cadmium-Anteil wird – wegen Schwerverdaulichkeit – allerdings wieder ausgeschieden. Empfehlung: vorsorglich diesen Pilz nicht öfter oder in größeren Mengen verzehren!

Verwechslung: mit weiteren nach Anis riechenden Egerlingen, die jedoch alle essbar sind. Der giftige Karbol-Egerling (S. 100) hat jung blassrosafarbene (bald graurosa) Lamellen, unangenehmen Karbolgeruch sowie nach Anschnitt eine charakteristisch chromgelb verfärbende Stielbasis; der Kegelhütige Knollenblätterpilz (S. 72) hat reinweiße Lamellen, riecht jung süßlich, im Alter süßlich-aasartig und die Basisknolle steckt in einer lappigen anliegenden Scheide (Volva). Giftige Egerlingsschirmlinge *(Leucoagaricus)* haben jung weiße und alt blassrosafarbene Lamellen, während Egerlinge alt braune bis schwarze Lamellen aufweisen.

Schief- oder Flachknolliger Anisegerling

Agaricus essettii
Syn.: *A. abruptibulbus*
ss. auct. Europ.

Hut: 6 – 12 cm, jung kugelig bis eiförmig, dann gewölbt bis ausgebreitet, glatt, weiß bis gelblich, bei Berührung stark gilbend. **Lamellen:** frei, jung graurosa, später dunkelbraun, alt fast schwarz. **Stiel:** bis 12 cm lang, bis 2 cm dick, weiß, auf Druck gilbend, mit dünnem, hängendem, häutigem, leicht zerrissenem Ring, Basis oft mit gerandeter Knolle, mitunter abgebogen und schief stehend. **Fleisch:** weiß, im Schnitt langsam gilbend, Geruch anisartig, Geschmack mild. **Sporenpulver:** dunkelbraun. **Vorkommen:** Juli bis Oktober, in Nadel- und Mischwäldern (oft am Waldrand), gerne in der Nadelstreu in Fichtenwäldern, bisweilen auch in Parkanlagen und Gärten. **Wert:** Speisewert wie beim Anisegerling.

Verwechslung: siehe Ausführungen beim Anisegerling (s. links).

Wiesenchampignon, Wiesenegerling, Feldegerling

Agaricus campestris s.l.

Hut: Hut: 5 – 10 cm, jung kugelig bis halbkugelig, bald konvex abgeflacht, meist weiß, bisweilen gilbend, glatt oder mit kleinen weißen bis bräunlichen Schüppchen. **Lamellen:** am Stiel frei stehend, jung rosa, zuletzt braun bis schwarzbraun. **Stiel:** 5 – 8 cm lang, 1 – 2 cm dick, weißlich, gegen Basis meist zugespitzt, Ring hängend bis abstehend, schwach ausgebildet und vergänglich. **Fleisch:** weiß, im Schnitt +/– sich rosa verfärbend, schwacher, pilziger, nicht anisartiger Geruch. **Sporenpulver:** dunkelbraun. **Vorkommen:** Mai bis Oktober, auf gedüngten Wiesen, nährstoffreichen Weiden, Äckern, Gärten, oft in großer Zahl; kommt in vielen abweichenden Formen vor. Wegen der intensiven Bewirtschaftung der Weiden (häufige Mahden) mit Gülleausbringung sowie fehlender Stroh- und Kuhmistausbringung stark zurückgehend. **Wert:** guter sehr bekannter und geschätzter Speisepilz.

Verwechslung: mit Kegelhütigem Knollenblätterpilz (S. 72) möglich; der Wiesenchampignon hat jedoch gefärbte Lamellen und keine Scheide an Stielbasis (junge, geschlossene Fruchtkörper stets durchschneiden und auf Farbe der Lamellen achten!). Der sehr leicht verwechselbare Karbol-Egerling (S. 100) besitzt eine bei Anschnitt chromgelb verfärbende Knolle und das Fleisch riecht unangenehm tinten- bis karbolartig (ähnlich Zahnarztpraxis). Der Karbolgeruch verstärkt sich meist beim Kochen! Ähnlich auch der nahverwandte, ebenfalls nach „Karbol" riechende Perlhuhn-Egerling (S. 101).

Karbol-Egerling, Gift-Champignon

Agaricus xanthodermus

Hut: 5 – 8 cm, jung halbkugelig, typisch abgeflachter Scheitel, „kalkweiß", bisweilen mit dunklerer Mitte, im Alter schwach schuppig, Hutrand lange herabgebogen, gilbend. **Lamellen:** jung kurz „blühend" rosa, bald graurosa, alt dunkelbraun bis fast schwarz. **Stiel:** 5 – 10 cm lang, 1 – 1,5 cm breit, wie Hut gefärbt, zylindrisch, mit dauerhaftem, großem, hängendem, dünnem Ring, deutlich abgesetzte Knolle. **Fleisch:** weiß, meist bei Schnitt oder Reiben gelb verfärbend, am deutlichsten in der Stielknolle (nicht dauerhaft); Geruch unangenehm nach Karbol (beim Kochen verstärkt sich der Geruch!) oder nach „dentalem Bereich". **Sporenpulver:** dunkelbraun.

Vorkommen: Mai bis Oktober, meist gesellig auf Wiesen, in Parks, Gärten, an Wegrändern (bevorzugt gedüngte Böden). **Wert:** schwach giftig. Magen-Darmgift (Phenol?).

Verwechslung: durch manifesten, unangenehmen „Karbol-Geruch" sowie durch die bei Schnitt starke chromgelbe Verfärbung des Fleisches der Stielknolle kaum mit essbaren Arten verwechselbar. Weitere Giftchampignons sind der an Perlhuhngefieder erinnernde Perlhuhn-Egerling (S. 101) und der braun gefärbte Rebhuhn-Egerling *(Agaricus phaeolepidotus)*.

Perlhuhn-Egerling, Perlhuhn-Karbol-Champignon

Agaricus moelleri

Hut: 5 – 15 cm, anfangs eiförmig bis halbkugelig, dann gewölbt bis flach ausgebreitet, auf weißlichem bis bräunlichem Untergrund grau- bis dunkelbraun oder fast schwärzlich faserig-schuppig, Hutmitte braun bis schwärzlich, Hutrand mit Hüllresten behangen. **Lamellen:** dicht, jung grauweiß, bald graurosa, am Schluss dunkel schokoladenbraun. **Stiel:** bis 10 cm lang, bis 1,5 cm dick, weiß, zylindrisch mit bis zu 2 cm breiter, abgestutzter Basisknolle, bei Druck sofort gelb verfärbend, nach Anschnitt sofort charakteristisch chromgelb, mit weißem, dickem, häutigem, hängendem Ring (Oberseite weiß, gerieft, Unterseite ocker-bräunlich schuppig). **Fleisch:** weiß, bald gilbend, in der Stielbasis chromgelb, Geruch karbolartig, tintenartig (auch ähnlich dem Geruch in einer Zahnarztpraxis), Geschmack mild, karbolartig. **Sporenpulver:** dunkel purpurbraun. **Vorkommen:** Juni bis Oktober in Laubwäldern, Park- und Gartenanlagen, Gebüschen, auf Wiesen oder an Wegrändern, verbreitet. **Wert:** schwach giftig. Magen-Darmgift (Phenol ?).

Verwechslung: durch den unangenehmen „Karbol-Geruch" sowie durch die bei Schnitt starke chromgelbe Verfärbung des Fleisches der Stielknolle kaum mit essbaren Arten verwechselbar. Weitere Giftchampignons sind der braun gefärbte Rebhuhn-Egerling sowie der sehr seltene Rötende Karbol-Champignon *(A. pseudopratensis)* mit schwachem Karbolgeruch und weinrötlich verfärbendem Stielfleisch sowie seltene graue Formen des Karbol-Egerlings.

Gifthäubling

Galerina marginata

Hut: 1,5 – 5 cm, jung halbkugelig-glockig, später flachkonvex oder glockig, meist kahl, ockerbräunlich bis rötlichbraun, trocken hellocker (hygrophan), dann zweifarbig und dem Stockschwämmchen ähnlich, bisweilen schwach buckelig, feucht etwas klebrig, oft Rand feucht fein gerieft. **Lamellen:** gelblich bis rostbräunlich. **Stiel:** bis 5 cm lang, bis 0,6 cm dick, zylindrisch, ockerbraun, im Alter dunkler, jung mit häutigem, hängenden, später flüchtigem Ring, über dem blass gelbbraunen Ring weißlich bereift, darunter auf braunem Grund anfangs silbrig-weiß, danach silbrig-bräunlich bereift; ohne Schüppchen(!). **Fleisch:** hellbraun, Geruch (ev. etwas Reiben) und Geschmack meist „mehlartig", mild (der „mehlartige" Geruch kann jedoch auch ausbleiben!). **Sporenpulver:** rostbraun. **Vorkommen:** Juli bis November einzeln, gesellig oder büschelig auf totem Nadel- und Laubholz, gerne auch auf Rindenmulch und Holzschnitzeln. In älteren Pilzbüchern als „Nadelholz"-Häubling beschrieben; dies ist irreführend, zwischenzeitlich weiß man, dass er auch auf Laubholz vorkommen kann. **Wert:** tödlich giftig; enthält die gleichen giftigen Substanzen (Amanitine) wie die tödlich giftigen Knollenblätterpilze. Die letale Dosis dürfte etwa bei 100 – 150 g liegen! In älteren Pilzbüchern ist nachzulesen, dass es unter den auf Holz wachsenden Pilzen keine Giftpilze gibt. Das ist ein großer Irrtum!

Verwechslung: es gibt weitere ähnliche, tödlich giftige Häublinge (z.B. Überhäuteter Häubling, Braunfüssiger Häubling). Hinsichtlich Verwechslung mit dem essbaren, ähnlich aussehenden Stockschwämmchen (vgl. Foto unten, sowie S. 103).

Stockschwämmchen (3 Expl. links) im Vergleich zu tödlich giftigen Gifthäublingen (3 Expl. rechts)

Stockschwämmchen

Kuehneromyces mutabilis

Hut: 3 – 8 cm, jung halbkugelig, alt flach ausgebreitet, stumpf gebuckelt, glatt und fettig glänzend, bisweilen wellig verbogen, hygrophan d.h. feucht dunkler als trocken, deshalb oft zweifarbig, durchwässert fuchsig-zimtbraun, trocken honig-ockergelb, feucht schmierig und klebrig, Rand leicht gerieft, jung mit feinen Velum-Schüppchen, im Alter glatt. **Lamellen:** jung blass, alt braun bis rostbraun. **Stiel:** bis 7 cm lang, bis 0,6 cm dick, zylindrisch, hellcreme bis blassgelblich und gegen Basis bräunend, jung mit häutigem durch Sporenpulver braunem, vergänglichen Ring, der unterseits mit feinen Schüppchen besetzt ist. Stiel unterhalb des Rings auf ockerlichem Grund charakteristisch mit braunen sparrigen Schüppchen bedeckt. **Fleisch:** hellbraun, Geruch angenehm würzig, Geschmack mild. **Sporenpulver:** hellbraun. **Vorkommen:** Mai bis Oktober, meist büschelig an Totholz, an Laub- sowie an Nadelholz. **Wert:** sehr guter Speisepilz (wird auch gezüchtet), nur die Hüte verwenden, eignet sich als Einzelgericht sowie als Suppen- und Soßenpilz (getrocknete Stiele eignen sich für würziges Pilzpulver).

Verwechslung: Gifthäublinge sind die gefährlichen Doppelgänger des essbaren Stockschwämmchens und können am selben Substrat (Stamm, Strunk) und zur gleichen Zeit wachsen! Entscheidender Unterschied: beim Gifthäubling (S.102) sind Hutrand, Ring und Stiel glatt, während das Stockschwämmchen am Stiel, an der Ringunterseite, sowie jung am Hutrand feine Schüppchen (Velumreste) aufweist. Stockschwämmchen sollten nur von Kennern gesammelt werden, denen die entscheidenden Unterschiede zu den tödlich giftigen Gifthäublingen bekannt sind! Verwechselbar sind auch an Totholz büschelig wachsende Schwefelköpfe (S. 104,105), deren Stiele weisen jedoch keine sparrigen Schüppchen auf und sie besitzen keinen Ring.

Grünblättriger Schwefelkopf

Hypholoma fasciculare

Hut: 3 – 7 cm, jung halbkugelig, dann flach ausgebreitet, grünlich bis schwefelgelb, in Hutmitte +/– orange-fuchsig sowie meist stumpf-gebuckelt, Rand heller und oft fädig-häutig behangen. **Lamellen:** anfangs schwefelgelb, dann olivgelb bis olivgrün, alt grüngrau, olivbraun bis grünviolettbraun, die grünen Farbtöne in den Lamellen sind arttypisch (Name), jung von einem Schleier geschützt. **Stiel:** 5 – 7 cm lang, bis 0,8 cm dick, zylindrisch, schwefelgelb, Basis bräunlich, büschelig, oft verbogen, jung voll, bald jedoch hohl, bisweilen mit spinnwebartiger Ringzone, jedoch ohne Ring wie bei Schüpplingen. **Fleisch:** schwefelgelb, im Stiel bräunlich, Geschmack deutlich bitter (nach einigem Kauen!), Geruch dumpf. **Sporenpulver:** schwarzviolett. **Vorkommen:** einer der häufigsten Blätterpilze, ganzjährig büschelig an morschem Laub- und Nadelholz. **Wert:** giftig. Der Pilz enthält stickstofffreie Magen-Darm-Gifte (sog. Terpene, hier: Fasciculole).

Verwechslung: mit essbarem Rauchblättrigen Schwefelkopf (S. 105) sowie evtl. mit dem essbaren Stockschwämmchen (S. 103).

Ziegelroter Schwefelkopf

Hypholoma lateritium Syn.: *Hypholoma sublateritium*

Hut: 3 – 10 cm, jung halbkugelig und eingerollt, später gewölbt bis flach ausgebreitet, stumpfbuckelig, fleischiger Scheitel fuchsig bis ziegelrot (Name!), bisweilen zum Rande hin fleckig, Rand blasser und oft mit Hüllresten besetzt, anfangs schmierig-klebrig, bald trocken und fein-faserig, bisweilen +/– glänzend, lange gewölbt mit eingebogenem Rand. **Lamellen:** jung gelblich bis grüngelblich, dann graugrünlich bis gelbbraun, im Alter olivbräunlich bis violettschwärzlich. **Stiel:** bis 12 cm lang, bis 1 cm dick, zylindrisch, meist verbogen, Stielspitze weißlich-gelblich, stark überfasert und oft mit ringförmigen Hüllresten, Basis rostfarben schuppig-faserig, alt hohl, büschelig wachsend. **Fleisch:** weißlich-gelb, in der Stielbasis rötlichbraun, Geruch etwas muffig, Geschmack oft adstringierend (zusammenziehend) und bitterlich, manchmal auch mild. **Sporenpulver:** purpurbraun. **Vorkommen:** August bis Dezember büschelig wachsend auf totem Laubholz (Strünke, Wurzeln), vereinzelt schon im Frühjahr erscheinend. **Wert:** giftig. Der meist bittere Pilz enthält giftige sog. Fasciculole wie der giftige Grünblättrige Schwefelkopf (s. links). Er kann erhebliche Magen-Darmbeschwerden hervorrufen.

Verwechslung: mit dem an Nadelholz wachsendem ungenießbaren bis giftigen Wurzelnden Schwefelkopf *(Hypholoma radicosum)* mit kräftigem langem, spindelig wurzelndem Stiel, weißlich bereiftem Hut, schuppig genattertem Stiel und unangenehmem, aufdringlichem Geruch. Ähnlich ist auch der giftige Grünblättrige Schwefelkopf. Der Ziegelrote Schwefelkopf hat einen kräftigeren Habitus und ziegelrötlichen Hut.

Rauchblättriger oder Graublättriger Schwefelkopf

Hypholoma capnoides

Hut: 2 – 6 cm, jung halbkugelig, dann flach ausgebreitet, +/– leicht gebuckelt, glatt, gelb- bis orangebräunlich, in Hutmitte oft mit fuchsigem Ton, der ungeriefte, etwas hellere Rand ist lange eingebogen und jung mit feinen weißen Velumresten behangen. **Lamellen:** jung blassgelblich, bald rauchgrau, alt grauviolett; ohne grüne Farbtöne. **Stiel:** bis 8 cm lang, bis 0,7 cm dick, schlank, oft gebogen, weißlich bishellgelb, mit schwacher dunkler Ringzone (kein Ring!), später von der Basis her mit rotbrauner Verfärbung, oft büschelig wachsend. **Fleisch:** hellgelb, im Stiel dunkler, Geruch meist angenehm pilzartig, Geschmack mild. **Sporenpulver:** violettschwarz. **Vorkommen:** vorwiegend im Spätherbst (bisweilen schon im Frühjahr erscheinend) auf totem Nadelholz (vorwiegend auf Fichte und Kiefer), sehr häufig. **Wert:** ein häufiger guter Speisepilz (kann auch gezüchtet werden); wegen seines meist büscheligen Wachstums recht ergiebig.

Verwechslung: besondere Ähnlichkeit hat der meist auf Laub-, seltener auf Nadelholz wachsende, sehr häufige, giftige, stark bitter schmeckende „Bruder", nämlich der Grünblättrige Schwefelkopf (S. 104) mit grünlich getönten Lamellen und schwefelgelber Stielspitze. Rauchblättrige Schwefelköpfe wachsen nur an Nadelholz. Weitere Ähnlichkeit besitzen der Natternstielige Schwefelkopf *(H. marginatum)* und der Wurzelnde Schwefelkopf *(H. radicosum)*, beide bitter und ungenießbar, der toxische, ebenfalls bittere Ziegelrote Schwefelkopf (S. 104) sowie der tödlich giftige Gifthäubling (S. 102) mit ocker- bis rostbraunen Lamellen und Ring. Der Rauchblättrige Schwefelkopf sollte nur von Pilzlern gesammelt werden, die diese Art genau kennen!

Gemeiner Wirrkopf, Struppiger Risspilz

Inocybe lacera

Hut: 2 – 4 cm, jung +/– halbkugelig bis konisch, bereits deutlich gebuckelt, Rand jung mit weißlichgrauen Hüllresten faserig behangen, die lange verbleiben, dann ausgebreitet verflacht, Oberfläche stumpfbuckelig, charakteristisch mit aufgerichteten, „wirren" struppigen Schuppen („Wirrkopf"), teilweise auch filzig-samtig, alt oft eingerissen („Risspilz"). **Lamellen:** jung beige, dann graubraun, manchmal mit rosafarbenem Stich, mit hellerer Schneide, alt dunkelbraun. **Stiel:** bis 3 cm lang, bis 0,5 cm dick, zylindrisch, +/– verbogen, jung hell ockerbraun, später dunkelbraun, fein faserflockig, Basis verjüngt. **Fleisch:** im Hut weißlich, im Stiel +/– bräunlich. Geruch spermatisch. **Sporenpulver:** bräunlich. **Vorkommen:** Juni bis Oktober vorwiegend bei Nadelbäumen, so bei Kiefern, Fichten, Tannen auf sauren Böden, bisweilen auch bei Birken, Weiden und Erlen, gerne auf kahlen Hängen und an sandigen Wegrändern, häufig. **Wert:** giftig, enthält das stickstoffhaltige Nervengift Muscarin. Wirkung: Verengung der Pupillen, starke Schweißausbrüche, Speichel- und Tränenfluss, reduzierter Blutdruck und Herzfrequenz usw. Kann in größeren Mengen (40 – 500 g Frischpilz) tödlich wirken. Das klassische Gegenmittel bei einer Muscarinvergiftung ist Atropin.

Verwechslung: nur wieder mit anderen allesamt +/– giftigen Risspilzen, so z.B. mit dem Bittersüßen Risspilz *(Inocybe dulcamara)* oder dem Dickfüßigen Risspilz *(Inocybe curvipes)*. Alle Risspilze sind +/– giftig und keinesfalls zum Verzehr geeignet! Es ist kein Speisepilz bekannt, den man bei sorgfältigem Studium der Merkmale mit einem giftigen Risspilz verwechseln könnte!

Ziegelroter Risspilz, Mai-Risspilz

Inocybe erubescens Syn.: *Inocybe patouillardii*

Hut: 3 – 9 cm, jung kegelig mit eingerolltem Rand, dann ausgebreitet glockig bis stumpfkegelig, kahle Hut eingewachsen faserig bis streifig, jung weißlich, bald ockerlich bis ockerbraun, im Alter vom Rand her einreißend (Name!), Hut bei Verletzung und Reibung und inbesondere bei trockenem Wetter sowie im Alter ziegelrot verfärbend. **Lamellen:** jung weißlich, bald mit Rosaschimmer, zuletzt olivbraun, Schneiden weiß bewimpert, verletzt und im Alter langsam ziegelrot verfärbend. **Stiel:** bis 8 cm lang, bis 1,5 cm dick, zylindrisch, kräftig, längsfaserig, jung schmutzig weiß, alt und auf Druck ziegelrot anlaufend, Basis meist knollig. **Fleisch:** weiß, an Bruch- und Schnittstellen (langsam) rötend, Geruch jung angenehm obstig, später unangenehm süßlich bis „spermatisch", Geschmack mild, alt unangenehm (kein Testversuch!). **Sporenpulver:** ockerbräunlich. **Vorkommen:** April bis Juni in Laubwäldern, insbesondere unter Buchen und Linden, oft in Parkanlagen, Gärten, unter Gebüsch und auf Rasen auf kalkhaltigen Böden, relativ häufig. **Wert:** tödlich giftig; enthält große Mengen des giftigen Alkaloids und Nervengifts Muscarin. Die tödliche Giftmenge ist je nach Muscaringehalt in 40 – 500 g Frischpilz enthalten. Symptome (Schweißausbruch, enge Pupillen, Tränen- und Speichelfluss, Sehstörungen, Brechdurchfall usw.) treten meist zwischen 12 Minuten und 2 Stunden nach der Mahlzeit auf. Gegenmittel: Atropin.

Verwechslung: im weißen Jungzustand kann der Ziegelrote Risspilz mit dem rein weißen Maipilz (S. 75) verwechselt werden, da er schon im Frühling vorkommt. Der essbare Maipilz ist jedoch festfleischiger, rötet nicht und riecht und schmeckt auffällig nach ranzigem Mehl.

Kahler Krempling, Empfindlicher Krempling

Paxillus involutus

Hut: 5 – 15 cm, jung gewölbt, bald niedergedrückt mit zentralem Buckel, Oberfläche fein-filzig, zunehmend verkahlend, gelb-, rost- bis olivbraun, haarigfilziger Rand lange eingerollt („umgekrempelt" – Name!) und gerippt. **Lamellen:** dünn, ockerfarben, auf Druck braunfleckig (2. Name!), am Stiel herablaufend, Lamellen nicht fest mit dem Hutfleisch verbunden, bisweilen in der Nähe des Stiels queraderige Verbindung. **Stiel:** bis 10 cm lang, bis 2 cm dick, voll, zylindrisch, basal schwach verdickt, oft gebogen, blasscreme bis hellbraun, auf Druck bräunend. **Fleisch:** blassgelb bis bräunlichgelb, bei Anschnitt braun verfärbend, Geruch und Geschmack angenehm säuerlich. **Sporenpulver:** ockerbräunlich. **Vorkommen:** Juni bis November in allen Waldarten, Garten- und Parkanlagen vorzugsweise bei Birken und Fichten, sehr häufig. **Wert:** Da nachweislich durch den wiederholten Genuss des Kahlen Kremplings Todesfälle nachgewiesen wurden, habe ich diesen bekannten und sehr häufigen Pilz als „tödlich giftig" eingestuft. Bei rohem Genuss oder ungenügendem Garen kam es bisher schon immer wieder zu erheblichen Magen-Darm-beschwerden. Unabhängig hiervon kann es bei wiederholtem(!) Genuss dieses Pilzes – selbst in gut erhitztem Zustand – zu einer lebensbedrohlichen immunhämolytischen Anämie kommen. Ursache hierfür ist kein Toxin, sondern ein unbekanntes Antigen, das in Einzelfällen eine schädliche Antigen-Antikörper-Reaktion auslöst. In Einzelfällen sind bei organgeschädigten Personen Todesfälle bekannt geworden. Der früher in gut erhitztem Zustand als essbar und dann wohlschmeckend eingestufte Pilz darf seit längerer Zeit nicht mehr als Marktpilz verkauft werden. Der Pilz wird nach neueren Erkenntnissen eindeutig als Giftpilz eingestuft und darf demnach nicht gegessen werden!

Verwechslung: mit dem nahe verwandten, seltenen Erlen-Krempling *(Paxillus rubicundulus)* mit einer durch anliegende Faserschuppen sperberartigen Musterung auf der Hutoberfläche, hellgelbem Fleisch und jung +/– goldgelbfarbenen Lamellen. Der Erlen-Krempling ist streng an Grau- und Schwarzerlen gebunden.

Samtfuß-Krempling, Samtfuß-Holzkrempling

Tapinella atrotomentosa Syn.: *Paxillus atrotomentosus*

Hut: 5 – 25 cm, gewölbt, am Rande anfangs stark eingerollt, bzw. „umgekrempelt" (Name!), feinsamtig, muschel- bis zungenförmig, jung meist seitlich gestielt, manchmal auch halbrund, alt kahl und +/– rissig und bisweilen flach trichterförmig werdend, trocken, dickfleischig, rost-, rot- bis olivbraun. **Lamellen:** dünn, schmal, cremegelb bis blassocker, am Stiel herablaufend, an Druckstellen braunfleckig. **Stiel:** bis 6 cm lang, bis 5 cm dick, zylindrisch bis bauchig, oft seitlich sitzend, kurz, mit einem dichten, dunkelbraunen bis schwarzbraunen samtigen Filz überzogen, deutlich zu den hellen Lamellen kontrastierend. **Fleisch:** weißlich – gelblich, zäh, fest und saftig, Geruch dumpf säuerlich, Geschmack schwach bitterlich. **Sporenpulver:** gelblich-braun. **Vorkommen:** Juni bis November, auf Baumstümpfen und morschen Wurzeln in Nadelwäldern; wächst auch in größeren Trockenperioden, da er sich das notwendige Wasser aus dem wasserspeichernden Baumstumpf holt; verursacht im Holz sog. Braunfäule.

Wert: ungenießbar. In älteren Büchern findet sich – hin und da – das Attribut „geringwertig", bzw. „minderwertig" oder „ganz jung essbar". Aufgrund seines bitteren und unangenehm dumpfen Geschmacks ist der Samtfuß-Krempling als ungenießbar einzustufen. In Einzelfällen wurde schon nach Genuss dieses Pilzes von Darmunverträglichkeiten (z.B. Blähungen, Völlegefühl) berichtet. In früheren Jahren wurde der giftige Kahle Krempling (S. 108) mit dem Samtfuß-Krempling in einer gemeinsamen Gattung Paxillus (Kremplinge) geführt. Testweise kann man junge, weißfleischige Exemplare in geringer Menge als Salat (mit Essig, Öl, Zwiebeln, Salz, Pfeffer, Knoblauch) probieren. Voraussetzung: vorher 15 Minuten abkochen!

Verwechslung: durch den auffällig braunsamtigen Stiel, dem kremplingsartig eingerollten Hutrand und dem Wuchsort unverwechselbar.

Sparriger Schüppling

Pholiota squarrosa

Hut: 5 – 10 cm, jung halbkugelförmig, dann flach aufschirmend, Oberfläche trocken, auf gelblichem bis olivgelblichem Grund mit abstehenden, konzentrisch angeordneten gelb- bis rostbraunen sparrigen (Name!) Schuppen besetzt, Rand lange eingebogen und fransig behangen. **Lamellen:** ausgebuchtet angewachsen, jung hell olivgelb, alt olivbraun. **Stiel:** bis 12 cm lang, bis 1,5 cm dick, zylindrisch, bei fast immer büscheligem Wachstum Stiel oft verbogen, mit faserig-fransigem Ring, hutfarben und zwischen Ringzone und Basis – wie der Hut – mit sparrigen bräunlichen Schuppen bedeckt, oberhalb der hellgelben Ringzone fast kahl, Basis oft verjüngt. **Fleisch:** blassgelb, Geruch +/– rettichartig, Geschmack rettichartig und bitter. **Sporenpulver:** rostbraun. **Vorkommen:** August bis November in dichten Büscheln am Grunde lebender Stämme und Strünke von Laub- und Nadelhölzern wachsend; auch in Park- und Gartenanlagen an Laub- oder Obstbäumen. Kann als Wundparasit (Weißfäuleerreger) sehr schädlich werden, da er das Kernholz des unteren Stammteils verzehrt, häufig. **Wert:** ungenießbar (auch in überbrühtem Zustand). In manchen Büchern als wohl minderwertig, aber als essbar bezeichnet, wenn der Pilz vorher überbrüht wird. Bei Genuss dieses ohnehin muffig schmeckenden Pilzes können jedoch im Einzelfall Magen-Darmbeschwerden auftreten.

Verwechslung: häufige Verwechslung mit einem Hallimasch (S. 85). Der Hallimasch hat einen nur schwach schuppigen Hut, der Stiel ist nicht sparrig-schuppig und das Sporenpulver ist weiß und nicht – wie bei allen Schüpplingen – braun.

Großer Gelbfuß, Kuhmaul

Gomphidius glutinosus

Hut: 5 – 12 cm, jung kreiselförmig und leicht gebuckelt, später etwas trichterförmig mit heruntergebogenem Hutrand, blass graubraun bis dunkelviolettgrau, älter schwarzbraun gefleckt. Dicke, gummiartige Huthaut (voll abziehbar!) mit dicker, am Rande überstehender und mit dem Stiel verbundenen fädigen Schleimschicht bedeckt (Name!). **Lamellen:** anfangs grauweißlich, später grau bis grauschwärzlich, dick, am Stiel herablaufend, jung mit einer Schleimschicht überzogen. **Stiel:** bis 9 cm lang, bis 2 cm breit, zylindrisch, basal meist etwas zugespitzt, weiß, wie der Hut mit dicker Schleimschicht überzogen, am Stielansatz der Lamellen mit schleimiger angedeuteter Ringzone, unterer Teil chromgelb (Name!). **Fleisch:** weiß, später grau, in Stielbasis intensiv gelb. Geruch und Geschmack unauffällig. **Sporenpulver:** schwarz. **Vorkommen:** Juni bis Oktober in Nadelwäldern, bevorzugt bei Fichten, häufig. **Wert:** zarter, wohlschmeckender Speisepilz. Die schleimige Oberhaut am besten schon im Wald entfernen!

Verwechslung: mit ebenfalls essbarem, sehr seltenem kleineren Fleckenden Schmierling *(Gomphidius maculatus)*, der im montanen Bereich ausschließlich bei Lärchen wächst.

Geschmückter Schleimkopf

Cortinarius saginus Syn.: *Cortinarius validus, Cortinarius subvalidus, Cortinarius subtriumphans*

Hut: 5 – 10 cm, jung halbkugelig, dann gewölbt bis ausgebreitet, dickfleischig, Rand lange nach unten gebogen, alt flach und schwach wellig, feucht schleimig, trocken fettig glänzend, gelb-, orange-, fuchsig- bis rotbraun, gegen den Rand mitunter ockergelb, meist fuchsig eingewachsen faserig, manchmal fast geflammt, oft durch die Gesamthülle (Velum universale) mit – im Schleim schwimmenden – ockerbräunlichen bis rotbraunen „Fetzen" bedeckt, jung durch eine fädige, weiße Cortina mit dem Stiel verbunden und danach Rand mit Cortinafetzen behangen. **Lamellen:** dicht stehend, jung hell grauweiß, später rostbraun. **Stiel:** bis 12 cm lang, bis 2 cm dick, Basis +/– keulenförmig (bis 3,5 cm) verdickt (jedoch nie gerandet knollig), weiß, besonders in der Jugend im unteren Teil von mehreren dicken, wolligen braunen bis ockerbraunen auffälligen Gürtelzonen (Kränzchen) oder Schuppen „geschmückt" (Name!), im Alter oft nur mehr Spuren vorhanden. **Fleisch:** weiß(!), fest, Geruch bisweilen schwach nach Hefe, Geschmack mild. **Sporenpulver:** rotbraun. **Vorkommen:** August bis Oktober in bodensauren, nährstoffarmen, feuchten Heidelbeer-Fichtenwäldern (gelegentlich im Torfmoos), seltener unter Kiefern, insbesondere in sub- bis montanen Lagen, nicht selten. **Wert:** guter Speisepilz.

Verwechslung: mit seinem unter Birken vorkommenden bekannteren etwas helleren, ebenfalls essbarem weißfleischigen Doppelgänger, nämlich dem Gelbgestiefelten Schleimkopf (S. 113). Man achte insbesondere auf die weiße Farbe des Fleisches! Gelbfleischige Schleimköpfe sind grundsätzlich giftig bis tödlich giftig. Empfehlung: Vor dem erstmaligen Genuss sollten die Pilze vorsorglich einem Pilzberater zur Begutachtung vorgelegt werden!

Gelbgestiefelter Schleimkopf

Cortinarius triumphans

Hut: 5 – 12 cm, anfangs halbkugelig, bald flach, +/– stumpf gebuckelt und bisweilen wellig verbogen, eingewachsen faserig bis faserschuppig trocken matt oder etwas glänzend, feucht schleimig und glänzend, gelb, gelbocker bis gelbbräunlich, Rand jung durch eine weißliche, spinnwebenartige Hülle (Cortina) mit dem Stiel verbunden. **Lamellen:** jung weißlich, manchmal mit lilafarbenem Schein, alt rostocker bis braun mit gekerbten Schneiden. **Stiel:** bis 10 cm lang, bis 2,5 cm dick, zylindrisch bis keulig, meist Basis +/– verjüngt, von den Resten einer Gesamthülle (Velum universale) mit +/ wolligen, gelbbräunlichen, deutlich abstehenden Schuppen oder „gelbgestiefelt" (Name!) überzogen. **Fleisch:** weißlich, Geruch unauffällig, Geschmack mild.

Sporenpulver: rostbraun. **Vorkommen:** August bis Oktober in Laub- und Mischwäldern unter Birken, auch in Parkanlagen. **Wert:** guter Speisepilz.

Verwechslung: mit dem in bodensauren Nadelwäldern bei Fichten wachsendem nicht seltenen, ebenfalls weißfleischigen und essbaren Geschmückten Schleimkopf (S. 112) mit dunklerem fuchsig- bis orange-braunem Hut. Man beachte in einem Zweifelsfall stets, dass das dicke Fleisch bei einem ähnlichen Schleimkopf nicht gelb, sondern weiß ist! Empfehlung: Vor dem erstmaligen Genuss sollten die Pilze vorsorglich einem Pilzberater zur Begutachtung vorgelegt werden!

Ziegel- oder Semmelgelber Schleimkopf

Cortinarius varius

Hut: 4 – 10 cm, jung halbkugelig, im Alter flach konvex, rostorange bis gelblichbraun mit hellerem Rand, kahl und glatt, bei feuchtem Wetter schmierig, Hutkante von Hüllresten umsäumt. **Lamellen:** blasslila bis blauviolett, später rostbraun. **Stiel:** bis 10 cm lang, bis 2 cm dick, weiß, bisweilen mit gürtelförmigen Velumresten, später mit brauner Ringzone, Stielbasis meist keulig verdickt. **Fleisch:** weiß, fest, Geschmack mild. **Sporenpulver:** rostbraun. **Vorkommen:** Juli bis Oktober in montanen Nadelwäldern auf basenreichen Standorten, bevorzugt bei Fichten, seltener bei Tannen und Kiefern. **Wert:** guter Speisepilz. Die in diesem Pilz enthaltenen hitzelabilen Hämolysine (demnach roh giftig) werden durch Kochen und Braten zerstört. Einer der wenigen essbaren Haarschleierlinge! Der bisweilen bittere Hutschleim kann mit heißem Wasser entfernt werden.

Verwechslung: bei sorgfältigem Studium der Beschreibung kaum verwechselbar! Ähnlich ist der gelbe Blaublättrige Schleimfuß *(Cortinarius delibutus)* mit schleimigem Stiel, rettichartigem Geruch und +/– schwach bitterlicher Huthaut sowie der Amethyst-Klumpfuß *(Cortinarius calochrous)* mit schlankem Stiel, der in einer gerandeten, abgesetzten Knolle endet. Beide sind ungenießbar.

Honig-Schleimfuß

Cortinarius stillatitius

Hut: 3 – 9 cm, jung halbkugelig, später konvex mit stumpfem Buckel, trocken klebrig, feucht sehr stark schleimig, oliv- bis ockerbraun, Hutrand jung bisweilen mit lilafarbener Tönung. **Lamellen:** jung creme mit Blauton, dann rostbraun. **Stiel:** bis 9 cm lang, bis 1,5 cm dick, zylindrisch, Stielbasis schwach verjüngt, braune Gürtelzone, jung auf weißem Grund mit hellviolettem Schleimüberzug, später verkahlend und weisslich. **Fleisch:** weisslich bis cremefarben, Geschmack mild, in der Stielbasis deutlich nach Honig (Name!) riechend. **Sporenpulver:** gelbbräunlich. **Vorkommen:** September bis Oktober in montanen Nadelwäldern auf sauren Böden, verbreitet. **Wert:** guter Speisepilz.

Verwechslung: mit ähnlichen Schleimfüßen (Hut und Stiel jung schleimig!) z.B. dem Blaustiel-Schleimfuß *(Cortinarius muscigenus)*, dem Heideschleimfuß (S.116) sowie bei dem unter Buchen und Birken vorkommendem Langstieligen Schleimfuß *(Cortinarius lividoochraceus)*. Allesamt essbar. Bei den „Schleimfüßen" gibt es keine Giftpilze, einige Arten sind bitter.

Heideschleimfuß, Brotpilz

(Cortinarius mucosus)

Hut: 6 – 10 cm, jung, bald flach ausgebreitet, oft Rand lange nach unten gebogen, sowie wellig verbogen, gelbbräunlich bis rotbraun oder sogar kastanienbraun mit fast schwarzbrauner Hutmitte, Hut von einer Schleimschicht überzogen, daher bei Feuchte stark schleimig-schmierig, trocken glänzend und am Rand orangebraun, im Jugendstadium durch einen spinnwebenartigen Schleier (Cortina) mit dem Stiel verbunden. **Lamellen:** jung ocker, später rostbraun, Schneiden schwach gekerbt, nie mit violetter Tönung. **Stiel:** bis 12 cm lang, bis 2,5 cm dick, zylindrisch, mitunter +/– zuspitzend, weißlich, im unteren und mittleren Teil mit weißlichem bis hellviolettem Schleim überzogen (Name „Schleimfuß"!), im oberen Teil eine braune Gürtelzone (Rest eines weißen, fädigen Schleiers zwischen Hutrand und Stiel, gefärbt durch abfallende braune Sporen). **Fleisch:** dick, weißlich, Geruch null, Geschmack mild. **Sporenpulver:** rostbräunlich. **Vorkommen:** August bis Oktober in trockenen sandigen Kiefernwäldern, lokal oft häufig. **Wert:** guter Speisepilz, insbesondere als Mischpilz verwendbar.

Verwechslung: mit dem ungenießbaren, schmächtigeren Bittersten Schleimfuß *(Cortinarius vibratilis)* mit ausgesprochen bitterem Geschmack oder dem essbaren Blaustiel-Schleimfuß *(C. muscigenus)* mit einem bläulichen Schleimüberzug des Stiels sowie mit dem nah verwandten und letzterem sehr ähnlichen Honig-Schleimfuß (S. 115), dessen Stielbasis einen feinen Honigduft aufweist und ebenfalls essbar ist. Im übrigen: es gibt unter den „Schleimfüßen" keinen Giftpilz!

Geschmückter Gürtelfuß

Cortinarius armillatus

Hut: 5 – 10 cm, jung halbkugelig, dann ausgebreitet, rostbraun bis rostorange, trocken, nicht hygrophan, Huthaut faserig-filzig, jung mit einem faserigen Schleier (daher „Haarschleierling") mit Stiel verbunden. **Lamellen:** jung hellocker, später rotbraun. **Stiel:** bis 15 cm lang, bis 2 cm dick, meist schlank mit keuliger Basis, mit auffallenden ziegelrötlichen, schräg verlaufenden Bändern „geschmückt" (Name!). **Fleisch:** jung weißlich, später blassbräunlich, Geruch und Geschmack rettichartig. **Sporenpulver:** rostbraun. **Vorkommen:** Birkenbegleiter, an sauren, feuchten Standorten. **Wert:** minderwertig; wohl einer der wenigen „essbaren" Haarschleierlinge. Der Geschmückte Gürtelfuß ist aufgrund seines sich auch bei Zubereitung nicht verlierenden „dumpfen" Geschmacks kein guter Speisepilz. In schlechten Pilzjahren kann er als Mischpilz in kleineren Mengen beigemischt werden!

Verwechslung: der Geschmückte Gürtelfuß ist als obligater Birkenbegleiter mit seinen ziegelroten Gürtelzonen kaum verwechselbar. Ähnlich ist auch der vornehmlich bei Fichten wachsende Purpurrote Gürtelfuß *(Cortinarius paragaudis)* mit weinbraunen Velumgürteln. Die Hutfarben des Geschmückten Gürtelfußes ähneln den Farben von Birkenrotkappen; die Enttäuschung folgt auf dem Fuß.

Lila Dickfuß, Safranfleischiger Dickfuß

Cortinarius traganus

Hut: 4 – 10 cm, jung fast kugelig, später polsterförmig bis flach ausgebreitet, jung lila bis blauviolett, im Alter gelbbraun bis braun, alt silbriggrau ausblassend, dickfleischig, trocken seidig glänzend, im Alter oft aufgerissen, jung durch schwach lilafarbenen Haarschleier (Cortina) mit Stiel verbunden. **Lamellen:** jung ockergelb, später rostbraun (niemals violett), Schneiden gekerbt. **Stiel:** bis 10 cm lang, bis 2 cm dick, jung blassviolett, später ockerlich verblassend, durch jung blassviolette, anschließend weißliche Hülle (Velum) fast wie „gestiefelt" erscheinend, nach Sporenreife an der Stielspitze eine faserige, rostbraune Ringzone entstehend, Stielknolle bis 4 cm dick. **Fleisch:** „safranfarben" (Name!), rostorange, Geruch stechend süßlich-karbidartig (Acetylen), Geschmack bitter. **Sporenpulver:** rostbraun. **Vorkommen:** Juli bis Oktober, bevorzugt in sauren Fichtenwäldern, örtlich häufig. **Wert:** giftig (verursacht Übelkeit, Brechdurchfälle, Magenschmerzen).

Verwechslung: ein kaum verwechselbarer Haarschleierling! Der Bocksdickfuß *(Cortinarius camphoratus)* hat violettes Fleisch und einen widerlich süßen Geruch.

Blutblättriger Hautkopf

Cortinarius semisanguineus

Hut: 3 – 5 cm, jung kegelig-glockig, dann flach gewölbt bis ausgebreitet, oft mit kleinem Buckel, blass oliv- bis ockerbraun. **Lamellen:** jung blutrot (Name!), dann bräunlich-rot. **Stiel:** bis 7 cm lang, bis 1,0 cm dick, gelbockerlich, oft verbogen, unterhalb der schwach sichtbaren Schleierzone goldgelb überfasert. Myzelbasis hell karminrot. **Fleisch:** weißgelb bis gelboliv, Geruch rettichartig, Geschmack bitterlich. **Sporenpulver:** rostbraun. **Vorkommen:** Juli bis Oktober, meist in Kiefern- und Fichtenwäldern auf nährstoffarmen und sauren Böden, verbreitet. **Wert:** giftig, enthält Anthrachinone (Magen-Darmgifte). Zusätzlich besteht hier Verdacht auf Nierenschädigung.

Verwechslung: mit anderen giftigen „Hautköpfen" z.B. Zimthautkopf *(Cortinarius cinnamomeus)*.

Spitzgebuckelter Raukopf

Cortinarius rubellus Syn.: *Cortinarius speciosissimus*

Hut: 3 – 8 cm, spitzkegelig, Rand eingerollt und oft wellig verbogen, alt breitkegelig aufgeschirmt, meist typisch spitzbuckelig (Name!), orangebraun bis rostbräunlich, +/– grobfilzig, jung Hutrand mit gelbbräunlichen Hüllresten. **Lamellen:** zimt- bis rostbräunlich, dick, entfernt stehend. **Stiel:** bis 12 cm lang, bis 1 cm dick, oft verbogen, Basis meist angeschwollen, jung mit gelbem, flüchtigen Haarschleier zwischen Hutrand und Stiel; Stiel mit gelborangefarbenen Velumgürteln genattert. **Fleisch:** gelbbräunlich, im Stiel mehr rostbraun. **Sporenpulver:** rostbraun. **Vorkommen:** Juli bis Oktober in moorigen sauren Nadelwäldern, meist bei Fichten im Torfmoos (Sphagnum). **Wert:** tödlich giftig! Dieser Pilz enthält das Nierengift Orellanin, das eine Schädigung der Harnkanälchen bewirkt (in schweren Fällen Einsatz der künstlichen Niere). Besonders heimtückisch bei diesem Pilz ist die außerordentlich lange Inkubationszeit von bis zu 4 Wochen. Wer denkt schon bei Eintritt von Nierenproblemen an den vor 4 Wochen gegessenen Pilz? Grundsätzlich Vorsicht bei braunsporigen Lamellenpilzen!

Verwechslung: mit an den gleichen Standorten vorkommendem giftigen Limonengelben Raukopf *(Cortinarius limonius)* mit zitronengelbem, nicht gebuckelten Hut sowie mit dem äußerst seltenen in trockenen Laubwäldern (meist Eichen) wachsenden wärmeliebenden – ebenfalls tödlich giftigen – Orangefuchsigen Raukopf (*Cortinarius orellanus)* mit rötlichbrauner Stielfaserung und höchstens schwach gebuckeltem Hut.

Reifpilz, Zigeuner, Hühnerkoppe

Cortinarius caperatus Syn.: *Rozites caperata*

Hut: 5 – 10 cm, jung halbkugelig, später ausgebreitet, stumpf buckelig, radialrunzelig, hellbeige bis beigebraun, Oberfläche mit silbrig-violettlicher dauerhafter Bereifung (Name!) überzogen, Hutrand runzelig (anderer Name: Runzelschüppling), im Alter oft tief eingerissen. **Lamellen:** eng stehend, jung hellbeige, später bräunlich bis zimtbraun, Schneide stark gekerbt. **Stiel:** bis 10 cm lang, bis 2 cm dick, zylindrisch, oft verbogen, bisweilen mit verdickter Basis, weißlich, mit typischem häutigen, anliegenden weißlichen, oberseits gerieftem Ring. **Fleisch:** weißlich mit schwach ockerlicher Marmorierung, Geruch schwach angenehm, Geschmack mild. **Sporenpulver:** hellrostbraun. **Vorkommen:** August bis Oktober im Nadelwald auf sauren nährstoffarmen Böden insbes. unter Kiefern oft bei Heidekraut (gelegentlich auch im Laubwald), häufig. **Wert:** ausgezeichneter Speisepilz; dies wissen offensichtlich auch die Maden. Angeblich enthält dieser Pilz das Wachstum von Viren hemmende Stoffe.

Verwechslung: der Reifpilz ähnelt verschiedenen braunsporigen Schleierlingen. Diese haben eine faserige Ringzone (feine Schleierreste) und keinen beharrlichen Ring. Charakteristische Kennzeichen des Reifpilzes sind: der strohgelbe bis gelbbraune Hut mit silbrig-violettlicher Bereifung mit dem dicklichen, dauerhaften, oberseits gerieften, anliegenden Ring, blassere nicht rostbraune Lamellen, angenehmer Geruch und Geschmack sowie die stark gekerbte Schneide.

Schopf-Tintling, Spargelpilz

Coprinus comatus

Hut: 2 – 5 cm breit, bis zu 20 cm hoch, walzen-, dann glockenförmig, weiß mit dachziegelartig sparrig abstehenden Schuppen, Scheitel meist bräunlich, Hutrand jung eingerollt, und am Schlusse bei zurückgerolltem Hutrand tintenartig zerfließend (Autolyse) durch eigenproduzierte pilzverdauende Enzyme. **Lamellen:** frei, anfangs weiß, sehr dicht stehend, bald rosa verfärbend, schließlich schwarz und zerfließend. **Stiel:** bis 15 cm lang, bis 2 cm dick, am Grund schwach knollig verdickt, weiß, mit schmalem vergänglichen, leicht verschiebbarem Ring, lässt sich leicht aus dem Hutfleisch lösen. **Fleisch:** weiß, Geruch angenehm würzig, Geschmack mild (leicht nussartig), schnell schwarz zerfließend. **Sporenpulver:** schwarzbraun. **Vorkommen:** April bis November auf nährstoffreichen Rasenflächen, in Parkanlagen, Gärten, Wiesen, am Rand von Forstwegen, auf Schuttplätzen, häufig; kann auch gezüchtet werden. **Wert:** junge Pilze mit geschlossenen Hüten und weißen Lamellen sind zarte, wohlschmeckende Speisepilze, die auch zum Panieren gut geeignet sind. Der Pilz kann auch im Umluftherd schnell und schonend getrocknet und zu Pilzpulver verarbeitet werden. Der Schopftintling enthält nur sehr geringe Mengen Coprin. Gleichzeitiger Alkoholgenuss ist bei diesem Pilz deshalb unproblematisch! Der Pilz ist nach Sammeln sofort zuzubereiten! Lagerung nicht möglich! Studien haben belegt, dass Schopftintlinge eine das Immunsystem stärkende als auch tumorhemmende (Brust-, Prostata-Ca) Wirkung haben können. Herausragende Eigenschaft ist jedoch die Wirkung auf den Blutzuckerspiegel (insbes. Anwendung bei Diabetes).

Verwechslung: kaum zu verwechseln! Verwandte: der häufige Graue Faltentintling (S. 122), sowie der seltene in Kalk-Laubwäldern vorkommende, ungenießbare Spechttintling *(Coprinopsis picacea)*.

Grauer Falten-Tintling, Knotentintling

Coprinopsis atramentaria Syn.: *Coprinus atramentarius*

Hut: 4 – 8 cm, anfangs eiförmig, dann kegelig bis glockenförmig, Rand auffällig längsfaltig (Name!), alt breitkegelig mit eingerissenem und dann aufgebogenem Hutrand und letztlich im Alter schwärzlich zerfließend (Autolyse), grau- bis graubraun, kahl, Scheitel +/– bräunlich und oft mit vergänglichen bräunlichen Schüppchen besetzt. **Lamellen:** jung grau, engstehend, später schwarz und mit Hut zerfließend. **Stiel:** bis 15 cm lang, bis 2 cm dick, weißlich, zylindrisch, ringlos, glatt, spindelig wurzelnde Stielbasis mit ringförmiger, knotenartiger (Name!) verdickter Stelle. **Fleisch:** weißlich, zart, Geruch unauffällig, Geschmack mild. **Sporenpulver:** schwarzbraun. **Vorkommen:** Mai bis November in Park- und Gartenanlagen, auf (gedüngten) Wiesen, Grünstreifen, Äckern, auf Abfallhalden, an Wegrändern, an Baumstümpfen oder an der Basis von lebenden Bäumen (angeblich stets +/– auf der Basis von Holz bzw. vergrabenem Holz), seltener im Wald, meist büschelig wachsend, sehr häufig. **Wert:** jung essbar, insbes. als Suppenpilz empfehlenswert. Der ansonsten ungiftige Faltentintling enthält einen Wirkstoff namens Coprin, der den Alkoholabbau hemmt. Bei Genuss des Faltentintlings in Verbindung mit Alkohol (ein Glas Bier genügt!) kommt es sehr schnell nach Pilzgenuss zu einer sog. Antabusreaktion infolge einer Acetaldehydvergiftung mit unangenehmen neurologischen Beschwerden. Die Reaktionen klingen nach einigen Stunden ab, würden sich jedoch einige Tage lang nach Alkoholgenuss wiederholen. Dringende Empfehlung bei Genuss dieses Pilzes: vorsorglich bis zu 3 Tagen vor oder nach der Mahlzeit kein Alkoholgenuss (also auch kein Glas Bier!).

Verwechslung: mit ähnlichen, seltenen Tintlingen, z.B. dem Spitzkegeligen Faltentintling *(C. acuminata)* oder dem Braunschuppigen Faltentintling *(C. romagnesiana)*, für die ebenfalls ein Alkoholverbot gilt! Der häufige essbare und vorzüglich schmeckende Schopftintling (S. 121) mit seinem weißschuppig aufgerissenen walzenförmigen Hut enthält nur geringe Coprinmengen, hier besteht kein Alkoholverbot.

Frauentäubling
(Russula cyanoxantha)
grüne Form, guter Speisepilz

Hainbuchen-Täubling
(Russula carpini)
essbar

Vorbemerkungen zu Täublingen:

Merkmal: Ein charakteristisches Merkmal eines Pilzes der Gattung Täubling *(Russula)* ist der glatte und nicht ausfasernde Bruch des Stiels. Täublinge besitzen aufgrund der „kugelförmigen" Zellen (Sphärozysten) brüchiges, also kein faseriges Fleisch, haben keinen Milchsaft, keinen Stielring und weitgehend brüchige, weiße bis gelbe Lamellen!

„Täublingsregel"

Bei sicherer Kenntnis der großen Gattung der Täublinge (Sprödblättler) ist eine Geschmacksprobe bei rohen Pilzen zulässig! Um vorsorglich der marginalen Gefahr der Aufnahme von Eiern des Fuchsbandwurms aus dem Weg zu gehen, nimmt man am besten ein kleines Lamellenstück von den an der Hutunterseite wachsenden Lamellen (immer anschließend die kleine Probe ausspucken und nicht verschlucken!). Fällt die Geschmacksprobe mild oder leicht schärflich aus, dann handelt es sich um einen Speisepilz, bei scharfem oder bitterem Geschmack lässt man besser die Finger davon!

Frauentäubling, Lilagrüner Täubling, Blautäuberl

Russula cyanoxantha

Hut: 6 – 10 cm, jung halbkugelig, später konvex-ausgebreitet, zentral genabelt bis alt +/– trichterförmig, ausgesprochen radialaderig, matt, feucht glänzend, Farbe sehr variabel von meist violett bis grün oder oliv in allen Mischtönen, auch rein violett oder rein grün, selbst gelbliche Formen vorkommend, Huthaut zu 1/3 abziehbar. **Lamellen:** weiß, weich und biegsam (nicht spröde, wie bei den meisten anderen Täublingen!); **Stiel:** bis 10 cm lang, bis 3 cm dick, zylindrisch, kompakt, weiß, mitunter schwach violettlich getönt, fest, längsaderig, alt etwas schwammig. **Fleisch:** weiß, brüchig, fest, unter der Huthaut violettlich getönt, Geruch unauffällig, Geschmack mild, etwas nussartig. **Sporenpulver:** weiß. **Vorkommen:** Juni bis Oktober insbes. im Laubwald und Parkanlagen unter Eichen und Buchen, aber auch im Nadelwald unter Fichten auf sauren, neutralen bis kalkholden Böden, häufig. **Wert:** sehr guter und beliebter, bissfester Speisepilz, eignet sich für Misch- und Einzelgerichte, ausnahmlich einer der wenigen Pilze, der auch in kleinen Mengen roh genießbar ist.

Verwechslung: mit farblich ähnlichen, milden und essbaren Täublingen mit splitternden **Lamellen:** Papagei-Täubling *(R. ionochlora)*, Blaugrüner Reiftäubling *(R. parazurea)* oder bei grünen Formen ähnlich mit Grüngefeldertem Täubling (S.147). Der häufige – auf sauren Böden unter Birken wachsende – Grasgrüne Täubling (S. 128) mit ebenfalls +/– elastischen Lamellen, ist mild bis leicht schärflich und hat eindeutig cremefarbenes Sporenpulver (könnte nur als Mischpilz in kleineren Mengen Verwendung finden). Verwechslung mit dem „weichlamelligen" milden Speisetäubling (S. 129) ist unschädlich, da essbar. Charakteristische Merkmale des Frauentäublings: elastische, beim Darüberstreichen nicht splitternde Lamellen, meist violett bis grün gefärbter Hut, sowie milder schwach nussartiger Geschmack – dadurch leicht kenntlich.

Dickblättriger Schwärztäubling

Russula nigricans

Hut: 8 – 15 cm, jung konvex, bald flach mit meist vertieftem, +/– buckeligem Zentrum, trocken matt, feucht schmierig-glänzend, jung fleckig weißlich, dann bald braun, graubraun, zuletzt schwarz werdend. **Lamellen:** sehr dick (Name!) und spröde, breit und sehr weit entfernt stehend, jung weißlich, bisweilen mit rosafarbenem Schein, verletzt und auf Druck rötend, langsam schwarz werdend, mit zahlreichen Zwischenlamellen (Lamelletten). **Stiel:** bis 6 cm lang, bis 3 cm dick, zylindrisch, hart, weiß, an Druckstellen rötend und später schwärzend. **Fleisch:** weiß, sehr hart, bei Anschnitt spätestens nach einigen Minuten lachsrot anlaufend, dann schwärzend, Geruch schwach fruchtig, alt nach „Geschirrlappen", Geschmack mild bis schärflich. **Sporenpulver:** weiß. **Vorkommen:** Mai bis November in Laub- und Nadelwäldern, bodenvage, meist auf sauren Böden, oft Massenpilz, nachhaltig „zersetzungsresistent", als schwarze „Mumien" im Winter und sogar noch im Frühjahr zu finden. **Wert:** der Dickblättrige Schwärztäubling ist wohl essbar, jedoch wegen seinem harten Fleisch und seinem muffigen Beigeschmack (der sich angeblich beim Zubereiten noch verstärkt) kein Speisepilz, nur in Notfällen als Mischpilz verwendbar.

Verwechslung: der Dickblättrige Schwärztäubling kann aufgrund seiner kompakten Form, der schwarzbraunen Hutfarbe, der dicken, breiten und entfernt stehenden Lamellen sowie der Verfärbung des Fleisches kaum verwechselt werden. Der kleinere, häufige Dichtblättrige Schwärztäubling *(R. densifolia)* weist sehr engstehende Lamellen und ebenfalls weißes Sporenpulver auf. Verwendung analog Dickblättriger Schwärztäubling.

Gemeiner Weißtäubling, Breitblättriger Weißtäubling

Russula delica

Hut: 8 – 20 cm, jung +/– kugelig bis halbkugelig, bald flach ausgebreitet mit eingerolltem Rand, Hutmitte eingedellt, alt trichterförmig vertieft, oft wellig verbogen, weiß bis ockerbräunlich, oft fleckig, harter und fester Pilz, glanzlos, trocken radialrunzelig und oft rau bis aufgerissen, feucht schwach schmierig und oft mit Erdresten bedeckt. **Lamellen:** weiß bis cremefarben, entfernt und breitblättrig (bis 14 mm breit), herablaufend, bei Feuchte oft tränend, bisweilen im Alter mit blaugrünem Hauch, Zwischenlamellen zahlreich. **Stiel:** bis 5 cm lang, bis 4 cm breit, kurz und kompakt, weiß, zylindrisch, basal meist etwas zugespitzt. **Fleisch:** weiß, sehr fest, Geruch jung obstartig („delica-Geruch"), im Alter mit +/– fischartiger Komponente, Geschmack mild, in den Lamellen schärflich. **Sporenpulver:** weiß bis blasscreme. **Vorkommen:** Juli bis Oktober in Laub- und Nadelwäldern, sowie Parks, insbesondere unter Buchen, Eichen, Fichten und Kiefern auf vorwiegend kalkhaltigen Böden, gerne an +/– humusarmen Stellen an Wegen, Böschungen und Waldrändern, variable Art, örtlich häufig. **Wert:** essbar, aber wenig schmackhaft. Nach Berichten wurde und wird dieser Pilz im „Fränkischen" von älteren Generationen als „Bogarega" gesammelt und als Würzpilz beispielsweise Kartoffelsuppen ersatzweise für Pfeffer und Salz beigemischt.

Verwechslung: ähnlich ist der sehr ähnliche ebenfalls essbare Schmalblättrige Weißtäubling *(Russula chloroides)* mit kleinerem Hut, dicht stehenden und schmalen (bis 7 mm breit) Lamellen und blaugrünlich schimmerndem Ring am Stielansatz. Besonders leicht verwechselbar mit dem „milchenden" Wolligen Milchling (S. 157).

Grasgrüner Birkentäubling, Grasgrüner Täubling

Russula aeruginea

Hut: 4 – 12 cm, jung gewölbt, bald +/– flach mit vertiefter Hutmitte, farbvariabel, „grasgrün" (Name!) bis gelbgrün oder hell graugrün bis bräunlich-oliv, mitunter zu weißlich grün ausblassend, Huthaut feucht glänzend und klebrig, trocken matt, in der Regel mit rostbraunen Flecken, Rand etwas höckerig-gerieft. **Lamellen:** weiß, später cremegelb, +/– elastisch, oft gegabelt oder am Grunde aderig verbunden, oft mit braunen Flecken. **Stiel:** bis 8 cm lang, bis 2 cm dick, weiß, mitunter schwach gilbend, Basis oft verschmälert, fest, keine Knolle. **Fleisch:** weiß, Geruch unauffällig, Geschmack mild, in den Lamellen meist schwach schärflich. **Sporenpulver:** cremefarben. **Vorkommen:** Juli bis Oktober, ein sehr häufiger und weit verbreiteter Birkenbegleiter auf sauren Böden, selten unter Fichten. **Wert:** als Mischpilz in kleineren Mengen verwertbar; der Grasgrüne Birkentäubling verursacht in größeren Mengen genossen gastrointestinale Beschwerden (Übelkeit, Erbrechen). Man könnte diesen Pilz also höchstens in pilzarmen Zeiten in geringen Mengen einem Pilzmischgericht beifügen.

Verwechslung: mit +/– grünen, essbaren Heringstäublingen *(z.B. Russula clavipes)* mit auffallendem Heringsgeruch, mit grünen Formen des essbaren Frauentäublings (S. 123,125) oder mit seltenen essbaren Grünen Speisetäublingen *(R. heterophylla)*. Farblose Exemplare können auch mit dem unter Birken vorkommenden Verblassenden Täubling *(Russula exalbicans)* verwechselt werden, der mit Vorliebe auch in Parks und Gärten unter Birken auf eher besseren Böden vorkommt. Bei letzterem sind bei jungen Exemplaren die Lamellen scharf – also kein Speisepilz – und das Sporenpulver ist nicht cremefarben sondern hellocker.

Speisetäubling, Fleischroter Speisetäubling

Russula vesca

Hut: 5 – 10 cm, erst halbkugelig-gewölbt, dann verflachend, im Alter flach trichterförmig, matt, wenig klebrig, runzelig, fleischrot, lilabraun, rosabräunlich bis bräunlich, selten auch weinrötlich bis violettlich, oft gelblich gefleckt und ausblassend, Huthaut bis ½ abziehbar, meist Huthaut am Rand charakteristisch um 1 – 2 mm zurückgezogen(!) mit der Folge dass die Lamellen einen schmalen „zahnradartigen" Saum um den Hutrand bilden. **Lamellen:** weiß, gedrängt, ausnahmlich relativ weich (also kaum splitternd), am Hutrand etwas überstehend, oft rostfleckig. **Stiel:** bis 7 cm lang, bis 3 cm dick, weiß, selten auch schwach rosafarben überhaucht, zylindrisch, kurz, ziemlich hart, bisweilen verbogen, oft schwach netzigaderig, an der Basis arttypisch zugespitzt und alt meist rostfleckig. **Fleisch:** weiß, arttypisch hartfleischig, Geruch unauffällig, Geschmack nussartig süßlich. **Sporenpulver:** weiß. **Vorkommen:** Mai bis Oktober in Laub- und Nadelwäldern bevorzugt auf sauren, nährstoffarmen Böden, oft unter Fichte, Kiefer, Eiche und Buche, aber auch in Parkanlagen, Kalkböden meidend, häufig. **Wert:** sehr gut, ein Spitzenpilz unter unseren essbaren Täublingen mit klassischem Aroma, der sich auch sehr gut für (bissfeste) Einzelgerichte empfiehlt.

Verwechslung: mit dem essbaren Ziegelroten Täubling *(R. velenovskyi)* mit in reifem Zustand gelblichen Lamellen oder scharfen Speitäublingen. Bei ähnlichen +/– rotfarbenen Täublingen empfiehlt sich die Geschmacksprobe: milde und leicht schärfliche sind essbar, bittere und scharfe ungenießbar bis giftig.

Kirschroter Speitäubling

Russula emetica

Hut: 4 – 6 cm, jung halbkugelig, anschließend ausgebreitet und etwas niedergedrückt, Rand wellig, feucht glänzend und schmierig, im Alter schwach gerieft, kirschrot, zinnoberrot, scharlach- bis blutrot, +/– einheitlich gefärbt und kaum ausblassend, gelegentlich etwas ockerfleckig, Huthaut fast ganz abziehbar. **Lamellen:** spröde, weiß. **Stiel:** bis 8 cm lang, bis 2 cm dick, zylindrisch, oft etwas verbogen, jung fest, weiß. **Fleisch:** weiß, brüchig, Geruch leicht fruchtig-kokosnussartig, Geschmack deutlich scharf. **Sporenpulver:** weiß. **Vorkommen:** Juli bis November in feuchten sauren, nährstoffarmen Nadelwäldern, insbes. bei Fichten, oft im Torfmoos (Sphagnum). **Wert:** sehr scharf und giftig, enthält giftige terpenoide Verbindungen (insbes. sog. Sesquiterpene), bei Genuss Bauchschmerzen, Durchfall; Erbrechen („Name"!). Der zweite Teil des wissenschaftlichen Namens „emetica" heißt übersetzt treffend „Brechreiz erregend".

Verwechslung: mit verschiedenen roten, scharf schmeckenden Speitäublingsarten (z.B. dem Birkenspeitäubling oder Buchenspeitäubling sowie dem Kiefern-Speitäubling), die allesamt giftig sind. Ähnlich ist der essbare roh mild bis höchstens leicht schärfliche Apfeltäubling (S. 134) mit ockergelbem Sporenpulver. Der Speisepilzsammler sollte sich an die eingangs beschriebene Täublingsregel halten! Da liegt er immer richtig!

Buchen-Speitäubling

Russula nobilis Syn.: *Russula mairei*

Hut: 3 – 6 cm, jung kugelig gewölbt, später konvex-ausgebreitet, ungleich wellig und in Hutmitte meist vertieft, Huthaut schwach samtig, feucht schwach klebrig und glänzend, trocken samtig-körnig, glanzlos und matt, brüchig, Oberfläche lebhaft rosa-, kirsch-, zinnober- bis karminrot, mitunter mit ockerlichen Flecken, in Hutmitte oft in charakteristischer Weise weiß bis hellcreme entfärbend oder sogar gänzlich weiß ausblassend (nach starken Regenfällen oft völlig cremefarbene Tönung – ohne jegliches Rot – möglich, Huthaut bis zur Hälfte abziehbar, Fruchtkörper fest und hartfleischig. **Lamellen:** weiß, später etwas gelblich mit meist blaugrünlichem Reflex. **Stiel:** bis 6 cm lang, bis 2 cm dick, zylindrisch bis schwach keulig, fest, reinweiß (ohne rötliche Tönung). **Fleisch:** hart, weiß, unter Huthaut rosa, Geruch anfangs schwach obstartig, im Alter leicht nach Honig riechend, Geschmack brennend scharf. **Sporenpulver:** weiß.

Vorkommen: Juli bis Oktober insbesondere in bodensauren Buchenwäldern (Mykorrhizapilz der Rotbuche), dort sehr häufig. **Wert:** sehr scharf und giftig, enthält giftige terpenoide Verbindungen (insbes. sog. Sesquiterpene), ähnlich wie der Kirschrote Speitäubling (s. links).

Verwechslung: mit ähnlichen sehr scharfen und giftigen nah verwandten Speitäublingen (z.B. Kiefern-Speitäubling (auch unter Buchen wachsend) oder dem Kirschroten Speitäubling. Besonders leicht verwechselbar mit dem Harten Zinnober-Täubling (S. 133). Die Hutfarbe ist ähnlich und man findet sie beide in bodensauren Buchenwäldern. Der Harte Zinnobertäubling schmeckt jedoch höchstens etwas bitterlich, hat viel härteres Fleisch und der Stiel ist meist rötlich überhaucht.

Flammenstiel-Täubling

Russula rhodopus

Hut: 4 – 10 cm, jung halbkugelig, lange gewölbt mit nach unten gezogenem Rand, dann in Hutmitte +/– eingedellt, leuchtend rot bis scharlachrot mit gelegentlichen ockerlichen Flecken und dunklerem Scheitel, feucht schmierig und glänzend wie lackiert, jedoch auch trocken abgeschwächt glänzend, Huthaut bis zur Hälfte abziehbar, +/– ungerieft. **Lamellen:** jung weißlich, dann creme bis gelblich. **Stiel:** bis 8 cm lang, bis 1,5 cm dick, zylindrisch, fest und hart, auf weißem Grund, üblicherweise im Mittelbereich, mitunter auch gänzlich +/– rosarot geflammt (Name!), Basis angeschwollen, Stielbasis gelblichbraun. Ausnahmlich kann die Rotverfärbung am Stiel auch fehlen (Form *leucopus*) und der Stiel ist gänzlich weiß. **Fleisch:** fest, weiß, schwach gilbend. Geruch schwach fruchtig, Geschmack im ersten Moment mild, dann bitter, schließlich brennend scharf mit einer „salzigen" Komponente. **Sporenpulver:** hellocker. **Vorkommen:** August bis Oktober in bodensauren, feuchten bis sumpfigen Bergfichtenwäldern, als hydrophile Art auch an Moorrändern, gelegentlich auch unter Kiefern und Lärchen. Der Flammenstieltäubling meidet kalk- oder stickstoffreiche Stellen. **Wert:** schwach giftig. Vermutlich gehören die sehr scharfen Inhaltsstoffe ebenfalls zum Kreis der giftigen terpenoiden Verbindungen, die auch die Speitäublinge aufweisen.

Verwechslung: möglich mit dem sehr häufigen, essbaren Apfeltäubling mit +/– schwacher Stielrötung, schwächerem Hutglanz und insbesondere mildem – in den Lamellen bei jungen Fruchtkörpern pikantem – Geschmack. Der Flammenstieltäubling ähnelt durch seinen roten Hut und Stiel auch dem vornehmlich unter Kiefern wachsenden scharf-bitterlich schmeckenden, jedoch hellroten Bluttäubling *(Russula sanguinaria)* mit Neigung zu chromgelblicher Fleckenbildung oder +/– gänzlicher ockerlichen Entfärbung, mit herablaufenden Lamellen sowie kaum abziehbarer Huthaut.

Harter Zinnobertäubling

Russula rosea Syn.: *Russula lepida*

Hut: 4 – 8 cm, jung halbkugelig, später flach gewölbt, oft mit niedergedrückter bis im Alter flach trichterförmigen Hutmitte, dickfleischig, hart (Name!), Oberfläche samtig matt, wie bereift, bei Trockenheit +/– aufreißend, Huthaut nicht abziehbar, ungerieft, zinnober- bis blutrot, bisweilen auch rosa- bis fleischrosafarben, oft mit ockerlichen Aufhellungen und Flecken. **Lamellen:** sehr spröde und brüchig, jung weißlich, dann cremefarben bis strohgelblich, Schneiden oft rötlich überhaucht. **Stiel:** bis 10 cm lang, bis 2,5 cm dick, zylindrisch oder keulig, hart, weiß, meist rosa bis zinnoberrot angehaucht, Basis oft ockerfleckig. **Fleisch:** weiß, sehr hart (!), Geruch unbedeutend, Geschmack nach Bleistiftholz (Zedernholz), nach längerem Kauen bitterlich.

Sporenpulver: blass creme. **Vorkommen:** Juli bis Oktober in Laub- und Nadelwäldern, vorwiegend auf +/– sauren Böden unter Rotbuchen, häufig. **Wert:** essbar, jedoch sehr hartfleischig und nicht schmackhaft (ist in Mischgerichten „dominierend" zu erkennen). Bei größeren Mengen empfiehlt sich stets vorheriges Abbrühen.

Verwechslung: möglich mit rothütigen Täublingen. Der auffällig harte Pilz mit immer trockenem, +/– samtigem, +/– zinnoberrotem, nicht glänzendem Hut sowie bitterlichem Fleisch grenzen den Harten Zinnobertäubling von anderen roten Täublingen gut ab.

Apfeltäubling

Russula paludosa

Hut: 4 – 16 cm, jung halbkugelig bis glockig, dann gewölbt-ausgebreitet mit bisweilen flachem Buckel, später unregelmäßig wellig-aufgeschlagen mit vertiefter Mitte, auch trocken +/– feucht-fettig glänzend wie ein rotbackiger Apfel (Name!), Rand glatt und scharf, leuchtend apfelrot bis purpur-scharlach-ziegel-orangerot, Huthaut teilweise abziehbar. **Lamellen:** spröde, lange weiß bleibend, dann buttergelb, selten mit roter Schneide. **Stiel:** bis 12 cm lang, bis 4 cm dick, zylindrisch-keulig bis bauchig, meist sehr lang und stämmig, +/– aderig-gerieft, kräftig, weiß, sehr oft +/– stark und +/– ausgedehnt rötlich behaucht, alt schwammig-porös und von der Basis her grauend (greift nicht auf Fleisch über). **Fleisch:** mürbe, weiß, unter der Huthaut rötlich, Geruch angenehm, Geschmack mild (junge Lamellen meist pikant). **Sporenpulver:** ocker. **Vorkommen:** Juni bis Oktober in feuchten, sauren, nährstoffarmen Kiefern- und Fichtenwäldern, Charakterart saurer Heidelbeernadelwälder, oft lokal Massenpilz. **Wert:** guter Speisepilz mit bissfester Note.

Verwechslung: orangerote Exemplare in erster Linie mit dem häufigen essbaren und im gleichen Habitat wachsenden Orangeroten Graustieltäubling (S. 137). Letzterer unterscheidet sich vom Apfeltäubling z.B. durch das auffällige Grauen und Schwärzen des Stiels und des Fleisches und das Fehlen der häufig rötlichen Stieltönung. Eine Verwechslungsmöglichkeit besteht auch mit dem Kirschroten Speitäubling (S. 130) oder Kiefern-Speitäubling *(Russula sylvestris)*, beide ohne Rot am Stiel und brennend scharf. Weitere Ähnlichkeit besitzt der zuerst bittere, dann „salzig" brennend scharfe Flammenstieltäubling (S. 132) mit rot geflammtem Stiel und wie „lackiert" glänzendem Hut. Bei beginnendem Studium der roten – mal milden, mal scharfen – Täublinge ist absichernd stets eine Kostprobe zu empfehlen!

Wieseltäubling

Russula mustelina

Hut: 5 – 14 cm, erst halbkugelig, dann verflacht, bis +/– trichterförmig, auffällig und charakteristisch fest und hart (auch Huthaut); feucht schmierig und speckig glänzend, trocken bald glanzlos, bisweilen radialaderig, festgelegt durch +/– konstante Farbe, wieselbraun, gelbbraun – bis rotbraun oder haselnussbraun (Farbe wie ein „Wiesel"). **Lamellen:** spröde, weißlich bis cremefarben, neigen zu rostbräunlichen Flecken. **Stiel:** bis 8 cm lang, bis 3 cm, dick, zylindrisch, bauchig-knollig bis gestreckt, oft gekrümmt, leicht runzelig, weiß, bald +/– bräunlich, sehr hart, bereits bald gekammert-hohl, an der Basis bisweilen faltig zusammengezogen. **Fleisch:** weiß, auffällig hart, bei Anschnitt nach 1 – 2 Std. etwas bräunend, Geschmack mild und angenehm nussartig, Geruch unauffällig. **Sporenpulver:** creme. **Vorkommen:** Juli bis September in Mittelgebirgslagen auf nährstoffarmen, sauren Böden unter Fichten (gerne am Rande von Waldwegen), selten werdend. **Wert:** der Wieseltäubling ist bissfest und gehört zu den besten, meist nichtmadigen Speisepilzen.

Verwechslung: der auf neutralen bis basenhaltigen Böden wachsende, wohlschmeckende Braune Ledertäubling (S. 136), sowie der auch auf Urgestein im Oberpfälzer und Bayerischen Wald vorkommende Nordische Ledertäubling mit reif ockergelben Lamellen und kräftig gelbem Sporenpulver. Der Wieseltäubling sieht von oben häufig aus wie ein Steinpilz. Er wird oft von Pilzsammlern aufgenommen, umgedreht und dann wieder weggeworfen, da ja viele Pilzsammler diesen Pilz nicht kennen und ohnehin glauben, dass Pilze mit Lamellen meistens giftig sind. Es gibt keinen ähnlichen Giftpilz.

Brauner Leder-Täubling

Russula integra

Hut: 5 – 13 cm, jung halbkugelig, sehr farbvariabel, dann flach ausgebreitet und bald mit nieder gedrückter Mitte, Huthaut trocken seidig glänzend, Grundfarbe vornehmend bräunlich („lederbraun") mit violetten, purpurnen, weinroten, ockerbraunen, gelben oder olivgrünen Tönen wolkig vermischt (oft auch im Zentrum gelblich oder olivgrün ausblassend), aber auch rein dunkel purpurn oder einheitlich olivgrün Rand glatt bis schwach gerieft. **Lamellen:** eng, ziemlich breit, zahlreiche gegabelt, tw. queraderig verbunden, jung weiß, später zunehmend ockergelb. **Stiel:** bis 10 cm (forma *gigas* bis 14 cm!) lang, bis 3 cm dick, weiß, später etwas runzelig und ockerbraun fleckend. **Fleisch:** weiß, Geschmack mild, nussartig, Geruch schwach obstartig, bei „Aufnahme" flüchtiger süßlicher Geruch. **Sporenpulver:** gelb. **Vorkommen:** vorwiegend auf kalkhaltigem Grund in montanen Fichten-, aber auch Tannen- und Kiefernwäldern, lokal durchaus häufig. Findet man im bergigen Tannen-Fichtenwald einen großen milden Täubling mit +/– vorwiegend brauner Huthaut, weißem Stiel und kräftig gelben Lamellen, dann handelt es sich meist um den Braunen Ledertäubling. Wert: sehr guter Speisepilz.

Verwechslung: möglich mit dem z.B. auch in den Fichtenwäldern des Oberpfälzer und Bayerischen Walds bis hinein in den Böhmerwald auf Urgestein (Gneise, Granit) vorkommenden milden Nordischen Ledertäubling *(Russula integriformis)*.

Weinroter Graustieltäubling

Russula vinosa

Syn.: *Russula obscura*

Hut: 6 – 12 cm, jung halbkugelförmig, dann flach ausgebreitet, in der Mitte eingedellt, mit weinroten, purpur-violetten oder manchmal ockerbraunen Farben (selten auch bräunlich), Rand öfter weißlich und sehr konstant charakteristisch „wie bereift" aussehend, zentral oft dunkelbraun bis schwärzlich mit lange hellerem Rand, Rand häufig nach unten gebogen und im Alter öfter wellig aufschirmend, Hutmitte öfter ockergelblich ausblassend. **Lamellen:** spröde, weißlich, dann hell ockergelblich und schwärzend. **Stiel:** bis 8 cm lang, bis 3 cm dick, zylindrisch, schwach längsaderig, weiß, jung mit weißlicher Bereifung, manchmal rot überlaufen, im Alter grauend, Stielsohle meist von Anfang an mit schwärzlichen Adern besetzt. **Fleisch:** weißlich, oft im Anschnitt rötlich und letztlich deutlich grauend. Geruch jung süßlich, später etwas mostartig, Geschmack mild. **Sporenpulver:** hell ocker. **Vorkommen:** Juni bis Oktober in feuchten Nadelwäldern, säureliebende Art unter Fichten und Kiefern, häufig. **Wert:** Guter bissfester Speisepilz, geeignet für Einzel- und Mischgerichte.

Verwechslung: durch die Grauverfärbung der Lamellen, des Stiels und des Fleisches ist der mild schmeckende weinrote Täubling leicht erkennbar. Im Zweifelsfall hilft bei Täublingen bekanntlich immer die Geschmacksprobe!

Orangeroter Graustieltäubling

Russula decolorans

Hut: 4 – 13 cm, jung halbkugelig, später gewölbt bis abgeflacht, zentral oft etwas niedergedrückt, trocken matt, feucht etwas schmierig, orange- bis ziegelrot, auch kupferrot, oft gelblich ausblassend, Huthaut halb abziehbar, Rand stumpf, im Alter kammartig gerieft. **Lamellen:** spröde, jung weißlich, bald sahnegelb, im Alter an den Schneiden grau verfärbend. **Stiel:** bis 12 cm lang, bis 3 cm dick, zylindrisch, mitunter basal etwas spindelig, fest, jung weiß, längsaderig, alt schwammig, alt und verletzt grau- bis schwärzlichgrau verfärbend (Name!), keine rote Tönung auf dem Stiel. **Fleisch:** weiß, im Alter und bei Anschnitt oder an Bruchstellen (bisweilen anfangs etwas rötend) grau verfärbend, Geschmack mild, Geruch frisch unauffällig, alt bisweilen schwacher Honiggeruch. **Sporenpulver:** creme bis blassocker. **Vorkommen:** Juli bis Oktober meist in anmoorigen, sauren Heidelbeer-Kiefernwäldern (Mykorrhizapilz der Föhre), ausnahmsweise auch unter Fichten (insbesondere im Bergland), lokal häufig. **Wert:** Aromatischer bissfester Speisepilz, eignet sich für Einzelgerichte als auch für Pilzmischgerichte.

Verwechslung: kann evtl. mit dem ebenfalls essbaren, jedoch meist leuchtend roten Apfeltäubling (S. 134) mit scharfem Hutrand, meist stellenweise rot überhauchtem Stiel und nicht schwärzendem Fleisch verwechselt werden. Es gibt hier keinen ähnlichen Giftpilz!

Gelber Graustieltäubling

Russula claroflava

Hut: 5 – 12 cm, jung halbkugelig, später abgeflacht und in der Mitte vertieft, glatt, trocken matt, feucht glänzend und schmierig, zitronen- bis leuchtend chromgelb, bisweilen in Hutmitte etwas dunkler, Rand im Alter gerippt, an Fraßstellen grau bis schwärzlich verfärbend, Huthaut bis $\frac{1}{2}$ abziehbar. **Lamellen:** spröde, anfangs weiß, später durch Sporenstaub buttergelb, im Alter grauend sowie die Lamellenschneiden schwärzend. **Stiel:** bis 9 cm lang, bis 2 cm breit, zylindrisch bis leicht keulig, voll, jung hart, alt schwammig, glatt, später längsaderig, weißlich bis cremegelb, alt stark grauend (Name!), angekratzt kurzfristig rosa, anschließend rußgrau verfärbend. **Fleisch:** weiß, mürbe und brüchig, bei Anschnitt grauend bis schwärzend (insbes. Stielrinde). **Sporenpulver:** ocker. **Vorkommen:** Juni bis Oktober auf sauren, anmoorigen oder moorigen Böden unter Birken, sehr selten unter Espen und Erlen, örtlich häufig. **Wert:** Guter aromatischer Speisepilz, der auch nach dem Schmoren angenehm bissfest bleibt (für Einzel- und Mischgerichte verwendbar).

Verwechslung: Es gibt keinen mit dem Gelben Graustieltäubling verwechselbaren Giftpilz! Ähnlich sind +/ gelbe Täublinge z.B. der essbare unter Fichten und Kiefern wachsende häufige, ebenfalls „grauende" Orangerote Graustieltäubling (S. 137) sowie der häufig als Massenpilz auftretende ungenießbare bis minderwertige Ocker-Täubling (S. 139), sowie der unter Buchen wachsende ockergelbe Gallentäubling (S. 140).

Ocker-Täubling, Zitronentäubling, Gelbweißer Täubling

Russula ochroleuca

Hut: 4 – 10 cm, im Jugendstadium halbkugelig, dann konvex, in Hutmitte vertieft, Hutrand +/– wellig, und feucht +/– schmierig-klebrig mit seidigem Glanz, trocken matt, Huthaut bis zur Hälfte abziehbar, zitronen- , gold- bis olivgelb oder ockerfarben, alt Hutrand kurz rippig. **Lamellen:** weiß, später hellcreme, im Alter +/– braunfleckig. **Stiel:** bis 9 cm lang, bis 2 cm dick, zylindrisch, jung weißlich, im Alter je nach dem Feuchtigkeitsgrad des Standorts +/– grauend, alt schwammig und runzelig, Stielbasis auffällig ockergelblich gefärbt und wie „gerafft". **Fleisch:** weißlich, alt und feucht leicht grauend, Geruch unauffällig, Geschmack mild bis meist etwas scharf. **Sporenpulver:** weiß bis weißlich. **Vorkommen:** Juli bis November in Nadel- und Laubwäldern auf sauren Böden, sehr häufig, Begleiter der Fichte, im Spätherbst oft Massenpilz.

Wert: minderwertiger Speisepilz. Junge Exemplare können – wenn mild – in einem Mischgericht verwendet werden. Im Einzelgericht schmecken Ockertäublinge unangenehm bitterlich. Nach Abkochen und Wegschütten des Kochwassers genießbar. Nach scharfem Anbraten wird der dann knusprige Pilz „entbittert" und ist verwendbar.

Verwechslung: mit dem vorwiegend unter Buchen vorkommenden giftigen Gallentäubling (S. 140) mit sehr scharfem Geschmack und gänzlich (Hut, Lamellen und Stiel) +/– gleichem strohgelb bis ockerlichem Farbton. Weiterhin mit dem unter Birken vorkommenden essbaren Gelben Graustieltäubling (S. 138) mit rein zitronengelber Hutfarbe und grau verfärbendem Fleisch.

Gallentäubling

Russula fellea

Hut: 4 – 8 cm, erst halbkugelig, dann bald +/– flach, mit +/– buckeligem oder eingedelltem Zentrum, jung schmierig, trocken matt und glanzlos, strohgelb bis ockergelb, in Hutmitte +/– orangebräunlich, öfter auch mit rostbraunen Flecken, Rand heller und alt zunehmend schwach höckerig gerieft. **Lamellen:** gedrängt stehend, brüchig, tränend, jung cremefarben, bald cremeocker (jedoch weißes Sporenpulver!). **Stiel:** bis 8 cm lang, bis 1,5 cm dick, hell cremeocker, nicht reinweiß. **Fleisch:** jung weißlich, im Schnitt sich gelblich verfärbend, Geschmack sehr scharf, Geruch charakteristisch süßsäuerlich nach Senfsauce (sog. „*fellea*-Geruch").

Sporenpulver: weiß. **Vorkommen:** Juli bis Oktober in Laubwäldern, insbesondere unter Rotbuchen, seltener in Nadelwäldern (Fichte), häufig. **Wert:** giftig, enthält giftige, scharfe terpenoide Verbindungen; der zweite wissenschaftliche Name „*fellea*" heißt treffend „gallenbitter".

Verwechslung: möglich mit dem bedingt essbaren Ockertäubling (S. 139) mit zitronen- bis chromgelbem Hut, weißen Lamellen, weißen, im Alter etwas grauendem Stiel und mildem bis leicht schärflichem Geschmack.

Stinktäubling

Russula foetens

Hut: 7 – 15 cm, jung kugelig mit dem Stiel anliegendem, meist etwas faltigem und wellig-buchtigem Rand, dann gewölbt- ausgebreitet, in Hutmitte etwas eingedellt, bis 3 cm breit, kammrandig höckerig gerippt, oft wellig-buckelig, Oberfläche trocken matt und leicht klebrig, feucht stark gelatinös aufquellend, ocker, ockerbraun, rötlichbraun, gelbbraun bis gelbockerfarben, Huthaut bis 2/3 abziehbar. **Lamellen:** jung blass creme, später schmutzig creme bis ockergelblich, oft jung mit braunen Tränen und eintrocknend dunkleren Flecken punktiert. **Stiel:** bis 12 cm lang, bis 3 cm dick, robust, jung schmutzig weißlich, bald ockerlich gefleckt, fest, jedoch bald gekammert hohl, manchmal auch von Tränen beperlt, berührt und im Alter gelbbräunlich verfärbend. **Fleisch:** weiß, bei Anschnitt langsam rotbräunlich verfärbend, Geschmack süßlich-ekelhaft,+/– brennend scharf in den Lamellen (Stielfleisch oft fast mild), Geruch charakteristisch unangenehm süßlich-ölig (Name!). **Sporenpulver:** cremefarben. **Vorkommen:** Juli bis Oktober in Nadel- und Mischwäldern, bodenvage, vorzugsweise unter Fichten und Rotbuchen, auch an grasigen Waldwegen oder in Park- und Friedhofanlagen, häufig. **Wert:** giftig; meist in der Literatur wegen seines widerlichen Geruchs sowie scharfen und ekeligen Geschmacks als ungenießbar eingestuft. Da er auch deutliche Magen – Darmbeschwerden auslösen kann, wird er hier als giftig bezeichnet.

Verwechslung: mit dem ebenfalls ungenießbaren, im Laubwald wachsenden Gilbenden Stinktäubling *(Russula subfoetens)*. Der Geruch dieses weniger robusten Doppelgängers ist weniger stinkend und hat eine obstartige Komponente.

Jodoform-Täubling

Russula turci

Hut: 4 – 10 cm, jung +/– gewölbt, dann ausgebreitet mit vertiefter Mitte, feucht schmierig, trocken glanzlos und insbes. in Randnähe fein bereift, eine sehr wechselfarbige Sippe: rosafarben, bräunlich, weinrotbraun, trüb lilafarben, bläulich violett, dunkelviolett, sogar himbeer- bis zinnoberrot, seltener blass weinrötlich bis rötlich, in Einzelfällen auch mit olivlichen oder ockerlichen Tönen, Rand heller, Hutmitte bisweilen fast schwärzlich, Rand höckerig gerippt. **Lamellen:** spröde, lange weiß, dann ockerfarben. **Stiel:** bis 7 cm, bis 2 cm dick, zylindrisch-keulenförmig, weiß, bisweilen rosa angehaucht, im unteren Teil feinaderig-kleiig (Lupe!), alt hohl und brüchig. **Fleisch:** weiß, später cremegelblich, brüchig, Geruch in der Stielbasis auffällig nach Jodoform (Name!) riechend. **Sporenpulver:** ocker. **Vorkommen:** August bis November in Nadelwäldern, insbes. in sauren, sandigen Kiefernwäldern des Flach- und Hügellands, weniger im montanen Bereich. **Wert:** guter Speisepilz.

Verwechslung: der milde Geschmack und der deutlich wahrnehmbare Jodoformgeruch in der Stielbasis sind Merkmale des Jodoformtäublings, die ihn von anderen Täublingen deutlich unterscheiden. Auffallend ähnlich ist der vorwiegend unter Fichten – meist im montanen Bereich – wachsende, ebenfalls essbare Amethyst-Täubling *(Russula amethystina)* mit oft dunkelviolettem Hut, bisweilen bei Regenkontakt in Hutmitte goldgelbe Flecken hinterlassend und in der Stielbasis nur schwachem Jodoformgeruch. Manche Autoren sind der Meinung, dass es sich beim Jodoform-Täubling und dem Amethyst-Täubling um ein und dieselbe Art handelt. Verwechselbar auch mit dem essbaren, unter Fichten wachsendem Violetten Reiftäubling *(Russula azurea)* mit deutlich bereifter Huthaut, bleibend weißen Lamellen und weißem Sporenpulver sowie der brennend scharfe meist unter Eichen wachsende Wechselfarbige Speitäubling *(Russula fragilis)* mit in der Regel gekerbten Lamellen und weißem Sporenpulver.

Milder Wachstäubling, Starkgilbender Täubling

Russula puellaris

Hut: 3 – 6 cm, jung flach konvex, später ausgebreitet mit vertieftem Zentrum, Oberfläche lange feucht und schmierig-glänzend, trocken matt, oft mehrfarbig, wein-, purpur- bis orangebraun, weinrötlich, lachspurpur- bis violett purpurfarben, seltener ockerfarben bis gelbgrün, Hutmitte oft schwarzrot, Hutrand auffällig kammartig gerieft, Hutoberfläche im Alter charakteristisch gilbend und dann eine ocker- bis rosabraune Färbung annehmend, Huthaut bis zur Hutmitte abziehbar. **Lamellen:** jung weiß, später hellcremegelb, weich, brüchig. **Stiel:** bis 7 cm lang, bis 1,5 cm dick, zylindrisch, bald hohl und gebrechlich, basal oft etwas verdickt, weißlich, bald ocker bis ockerbraun verfärbend. **Fleisch:** weiß, gilbend, Geruch unauffällig, Geschmack mild. **Sporenpulver:** creme. **Vorkommen:** Juli bis Oktober in sauren Nadelwäldern, gerne unter Fichten und Kiefern, häufig. **Wert:** essbar, ein mittelmäßiger Speisepilz, für Mischpilzgerichte verwendbar.

Verwechslung: möglich mit einer Reihe von milden Täublingen mit dunklerem Sporenpulver. Sehr ähnlich ist der meist scharfe, ebenfalls gilbende Vielfarbige Täubling *(Russula versicolor)*, der jedoch stets bei Birken wächst oder der im Nadelwald wachsende, seltene, sehr gebrechliche mild bis schärfliche Geriefte Weichtäubling *(Russula nauseosa)* mit goldgelbem Sporenpulver. Die rohe – bei Täublingen erlaubte – Geschmacksprobe gibt eindeutig Auskunft über die Essbarkeit (Täublingsregel, vgl. S. 124).

Zedernholz-Täubling, Heimtückischer Täubling

Russula badia

Hut: 8 – 10 cm, jung gewölbt, dann verflachend mit oft niedergedrückter, alt +/– trichterförmiger Mitte, feucht schmierig-glänzend, trocken matt und +/– samtig, jung oft am Rand bereift (ähnelt dann dem essbaren Weinroten Graustieltäubling!), Hutrand oft wellig verbogen sowie alt höckerig-gerippt, blut-, wein- bis braunrot, im Zentrum oft +/– schwarzbraun, oft mit charakteristischen weißgelblichen bis ockerlichen Flecken, festfleischiger Pilz. **Lamellen:** jung weißlich, dann hell ockerfarben, den Stiel nicht ganz erreichend (charakteristischer „Burggraben"), an den Schneiden bisweilen rosa. **Stiel:** bis 8 cm lang, bis 2 cm dick, zylindrisch, +/– glänzend, weiß, oft rot angehaucht (oft auch ohne jegliches Rot am Stiel), längsaderig, hart. **Fleisch:** weiß und jung festfleischig, Geruch insbes. der Lamellen und der Stielbasis (nach Reiben oder Erwärmen) nach Zedernholz (Bleistift). Geschmack: anfangs „heimtückisch" mild und dann unerträglich scharf. **Sporenpulver:** dunkelocker bis hellgelb. **Vorkommen:** Juni bis November in Nadelwäldern unter Fichten und Kiefern auf nährstoffarmen, sauren Böden; in sandigen Kiefernwäldern oft Massenpilz. **Wert:** giftig, enthält terpenoide Verbindungen.

Verwechslung: möglich mit dem essbaren Weinroten Graustieltäubling (S. 136), dem Nordischen Ledertäubling, dem seltenen essbaren Ledertäubling *(R. integra)*, dem nach Hering „duftenden" Roten Heringstäubling (S. 148) sowie dem Speisetäubling (S. 129). Die bei Täublingen zulässige Geschmacksprobe lässt keine Zweifel offen!

Stachelbeer-Täubling

Russula queletii

Hut: 6 – 8 cm, anfangs kugelig-glockig, später gewölbt bis +/– ausgebreitet , alt niedergedrückt, bisw. verbogen, feucht schmierig und glänzend, trocken matt, purpurviolett, purpurrosa, weinrot bis purpurbraun, in Hutmitte oft schwärzlich, bisw. am Rand oliv ausblassend, Rand meist schwach gerippt. **Lamellen:** jung weißlich, bald cremefarben, alt gelblich. **Stiel:** bis 8 cm lang, bis 2,5 cm dick, zylindrisch, +/– karminrot, purpurrot bis lilafarben überhaucht und weiß bereift. **Fleisch:** weißlich, Geruch an Stachelbeerkompott (Name!) erinnernd, Geschmack im gesamten Pilz sehr scharf. **Sporenpulver:** dunkelcreme. **Vorkommen:** August bis November hauptsächlich Fichtenbegleiter auf vorzugsweise kalkreichen bis schwach sauren Böden, d.h. gerne an den „mineralisierten" Wegrändern unserer Fichtenwälder, aber auch unter Tannen. **Wert:** giftig, enthält wie die meisten scharfen Täublinge terpenoide Verbindungen.

Verwechslung: leicht verwechselbar mit dem häufigen, ebenfalls giftigen und sehr scharfen Zitronenblättrigen Täubling (S. 145) mit zitronengelben Lamellen und zitronengelbem Fleisch und anderem Geruch. Zum Verwechseln ähnlich ist auch der auf sauren bis neutralen Böden in Fichtenwäldern vorkommende, sehr seltene dunkel weinrote bis purpurbraune robustere, ebenso giftige Dunkelrote Stachelbeertäubling *(R. fuscorubroides)*. Diese Art weist auf dem Hut kaum grünliche oder olivliche Farbtöne auf (in der Hutmitte oft fast schwarz), riecht weniger intensiv und weist auch eine deutlich geringere Schärfe auf.

Zitronenblättriger Täubling, Tränentäubling, „Säufernase"

Russula sardonia Syn.: *Russula drimeia*

Hut: 4 – 10 cm, jung polsterförmig bis +/– glockig, dann ausgebreitet bis niedergedrückt, alt +/– breit gebuckelt, meist violettlich-purpurn mit oft schwärzlich-purpurfarbener Mitte, selten auch grüngelb oder scheckig gelbfleckig, trocken seidig glänzend, mitunter wellig verbogen, jung klebrig, kaum schmierig, ziemlich hart, Huthaut nur wenig abziehbar. **Lamellen:** spröde, jung schwefel- bis zitronengelb (Name!), dann buttergelb, gedrängt, alt +/– herablaufend, jung und bei feuchtem Wetter „tränend" (Name!), d.h. hyaline Tropfen absondernd. **Stiel:** bis 12 cm lang, bis 3 cm dick, zylindrisch, hart, oft verbogen, auf weißlichem Grund blass rötlich, rosaviolett bis purpurviolett geflammt („Säufernase"!) mit flaumiger Bereifung (durch Druck zitronengelb anlaufend). **Fleisch:** hart, festfleischig, weiß bis gelblich, nach längerer Zeit sich safranrot verfärbend, unter der Huthaut rosafarben getönt, Geruch obstartig, Geschmack rasch sehr scharf. **Sporenpulver:** intensiv creme bis hell ocker. **Vorkommen:** Juni bis Oktober in sandigen Kiefernwäldern (streng an Kiefer gebundene kalkfeindliche Art), häufig. **Wert:** giftig, sehr scharf, enthält terpenoide Verbindungen.

Verwechslung: mit dem ebenfalls giftigen und kleineren im Fichtenwald – gerne an den Wegrändern – wachsendem, weißfleischigen Stachelbeer-Täubling (S. 144) mit weißlich-cremefarbenen Lamellen und deutlichem Stachelbeergeruch.

Buckel-Täubling

Russula caerulea Syn.: *Russula amara*

Hut: 4 – 8 cm, jung kegelig-rundlich, bald flach mit eingedrückter Mitte und typischem zitzenartigen Buckel (Name!), Oberfläche feucht klebrig, trocken stark glänzend, teilweise abziehbar, braunviolett bis purpurviolett, Zentrum dunkler bis schwarz, Rand alt +/– gerieft, Huthaut am Rand – ähnlich dem Speisetäubling – minimal zurückgezogen. **Lamellen:** spröde, jung weiß mit gelbem Hauch, später zunehmend ockergelb. **Stiel:** bis 8 cm lang, bis 2 cm dick, zylindrisch bis schwach keulig, Spitze und Basis etwas zugespitzt, jung weiß und bereift, alt +/– grauend, bisweilen an Stielbasis ockergelblich fleckend. **Fleisch:** weiß, brüchig, im Alter schwach grauend, Geruch schwach obstig, Geschmack mild, die Huthaut charakteristisch bitter. **Sporenpulver:** hellgelb. **Vorkommen:** Juli bis Oktober unter Kiefern (streng an Kiefern gebundene Art). **Wert:** nach Entfernen der bitteren Huthaut guter Speisepilz. Manche Autoren bezeichnen den Buckel-Täubling als „ungenießbar".

Verwechslung: mit anderen Täublingen. Bei Beachtung der stark glänzenden Huthaut mit typisch spitzem Buckel, der bitteren Huthaut (ansonsten mild!), des nie rosa behauchten Stiels und dem Wuchsort im Kiefernwald ist kaum eine Verwechslung möglich.

Grüngefelderter Täubling, Gefelderter Grüntäubling

Russula virescens

Hut: 6 – 12 cm, jung halbkugelig bis fast kugelig, dann polsterförmig bis abgeflacht, zentral meist niedergedrückt, hart, jung glatt bis rau, mitunter kleiig, stets matt und ohne Glanz, anfangs weißlich, dann hell grün oder gelblich bis spangrün, blaugrün, olivgrün, alt auch mit gelben und ockerlichen Tönen, manchmal komplett ocker bis ockergrün, Huthaut stark gefeldert (Name!) aufgebrochen, Rand glatt stumpf oder auch stark gerippt. **Lamellen:** spröde, gedrängt, erst weiß, dann cremefarben, mitunter auch mit Rosaton, alt braunfleckig. **Stiel:** bis 8 cm lang, und 4 cm breit, zylindrisch, weiß, jung bereift, hart, schwammig werdend, aderigrinnig, Stielbasis verjüngt, Basis bisweilen mit bräunlichen Flecken. **Fleisch:** hart, alt mürbe, weißlich, neigt zu rostartigen Verfärbungen, Geruch schwach obstartig, beim Vergehen käseartig, mit mildem, nussartigem Geschmack. **Sporenpulver:** weiß bis blass creme. **Vorkommen:** Juli bis Oktober im Laubwald auf nährstoffarmen, +/– sauren Böden, vorwiegend unter Eichen und Buchen, selten unter Fichten, deutlich zurückgehend. **Wert:** Dieser bissfeste Täubling gehört zu unseren besten Speisetäublingen.

Verwechslung: der felderig-rissige spangrüne Hut, die weißlich-creme-farbenen Lamellen sowie das harte, jedoch mild nussartig schmeckende Fleisch lassen ihn kaum mit anderen Täublingen verwechseln. Eine gewisse Ähnlichkeit besitzt der als Mischpilz verwendbare Grasgrüne Täubling (S. 128) mit +/– grünem Hut und +/– leicht schärflichem Fleisch sowie der essbare, sehr seltene Grüne Speisetäubling *(R. heterophylla)* mit ebenfalls +/– gelbem bis braungrünem Hut.

Roter Herings-Täubling

Russula xerampelina

Hut: 5 – 12 cm, jung gewölbt, schmierig und am Rand bisw. fein grauflockig, bald flach ausgebreitet und in der Mitte vertieft, kaum trichterig, trocken samtig matt und glanzlos, Huthaut teilw. abziehbar. **Lamellen:** spröde, jung creme, bald dunkelocker, bräunend, in Hutrandnähe oft mit roten Schneiden. **Stiel:** bis 8 cm lang, bis 3 cm dick, zylindrisch bis keulig, Spitze weißlich, ansonsten schön karminrot überhaucht sowie runzelig-aderig, bei Berührung bräunend. **Fleisch:** weiß, brüchig, bei Verletzung bzw. Reiben umgehend bräunend, Geruch bei jungen Fruchtkörpern sehr schwach, eintrocknend oder im Alter charakteristisch nach Hering (Name!); ursächlich für den arttypischen Geruch der Heringstäublinge ist der „fischartig" riechende Inhaltsstoff Triethylamin. **Sporenpulver:** dunkelocker. **Vorkommen:** Juli bis Oktober in Nadelwäldern, unter Fichte und Kiefer. **Wert:** Guter Speisepilz, der typische Heringsgeruch bleibt beim Kochen zumindest teilweise erhalten. Angeblich auch gut zu trocknen.

Verwechslung: mit anderen allesamt essbaren, milden Herings täublingsarten mit gleichem Geruch. Andere scharfe Täublinge (z.B. Stachelbeertäubling, Zedernholztäubling, Flammenstieltäubling) haben keinen Heringsgeruch und können durch eine Kostprobe schnell ausgeschieden werden.

Keulenstieliger Heringstäubling, Grüner Nadelwald-Heringstäubling

Russula clavipes

Hut: 5 – 9 cm, jung eingerollt, gewölbt ausgebreitet, Hutmitte meist schwach eingedellt, feucht schwach schleimig, trocken raulich oder wie bestäubt, teilweise marmoriert, Hutrand kurz gerieft, Huthaut 1/3 bis 2/3 des Hutradius abziehbar, Hutfarben meist olivgrün (Name!), oliv, olivgrau, dunkelbraun, olivgelb, olivbraun, gelbbraun, dunkelbraun, im Randbereich gelegentlich fleischfarben bis rosabraun getönt; seltener auch gänzlich rotbraun oder sogar purpurrot wie der Rote Heringstäubling und dann mit dieser verwechselbar. Olivlich gefärbte Fruchtkörper besitzen im angetrockneten Zustand einen charakteristischen olivlich-bronzefarbenen, „metallischen" Reflex. **Lamellen:** wenig brüchig, häufig gegabelt, zahlreiche Zwischenlamellen, hell creme bis cremegelblich. **Stiel:** bis 9 cm lang, bis 2,5 cm dick, schlank, selten keulig verdickt, weiß, cremefarben, längsfaserig, oft an einer Seite mit Rosahauch, dann vollständig bräunlich-ockerfarben, schnell bräunend. **Fleisch:** wenig fest, alt oder nach Reiben braun bis rostbraun verfärbend, Geschmack mild; Geruch im Alter und angetrocknet stark nach Heringslake (Name!) oder nach Schalentieren. **Sporenpulver:** dunkel cremefarben bis dunkelocker. **Vorkommen:** August bis Oktober insbesondere auf feuchten, gelegentlich morastigen sauren Böden, im Nadel- wie im Laubwald, insbesondere bei Fichten, Kiefern, Tannen, Espen, Birken und Schwarzerlen vorkommend. Der deutsche Name „Grüner Nadelwald-Heringstäubling" ist eigentlich überholt, da zwischenzeitlich nachgewiesen wurde, dass dieser Täubling auch in +/– rotbraunen bis purpurroten Farbtönen (z.B. im Großraum Weiden, MTB 6339/1) vorkommen kann; außerdem wächst der „Grüne Nadelwald-Heringstäubling" nicht nur im Nadelwald, sondern z.B. ebenso unter Birken, Erlen und Espen. **Wert:** guter Speisepilz, wie alle Heringstäublinge. Der typische Heringsgeruch bleibt beim Kochen zumindest teilweise erhalten.

Verwechslung: mit weiteren geruchsintensiven, schwierig abzugrenzenden, allesamt essbaren Heringstäublingen.

Milchbrätlinge
(Lactifluus volemus)
essbar

Milchbrätling, Brätling

Lactifluus volemus s.l. Syn.: *Lactarius volemus* s.l.

Hut: 6 – 12 cm, erst gewölbt mit eingeschlagenem Rand, matt-feinsamtig, ausgebreitet mit zentraler Vertiefung, feinsamtig, oft verbogen, orangegelb bis rotbraun, bei Trockenheit Oberfläche oftmals rissig. **Lamellen:** jung gelblich weiß, spröde, gedrängt, später auch leicht herablaufend, verletzt sowie auf Druck braun fleckend. **Stiel:** bis 12 cm lang, bis 3 cm dick, hart, blass bereift, ringlos, zylindrisch, Stielbasis verjüngt, orangegelblich, Druckstellen schmutzig-braun werdend. **Fleisch:** sehr fest, spröde und brüchig, weißlich bis hell cremebraun, bei Verletzung und im Anschnitt mit starker weißer, klebriger Milchabsonderung, durch Oxydation mit Luftsauerstoff sich innerhalb von Minuten bräunlich verfärbend (isolierte Milch erst sich nach spätestens 2 Stunden bräunlich verändernd). Auffälliger Fisch- oder Krabbengeruch oder Geruch nach Topinambur bzw. dem basischen Lösungsmittel Triethylamin. Der Geruch erinnert auch an den bekannten Geruch von Weißdorn-, Birn- oder Ebereschenblüten; der Geruch verstärkt sich bei Antrocknung. Geschmack mild, ansonsten wie Geruch. **Sporenpulver:** cremeweiß.

Vorkommen: Juni bis Oktober in sauren, nährstoffarmen Laub-, weniger häufig in Nadelwäldern, stark rückläufig; wächst auch – im Gegensatz zu den klassischen Speisepilzen – an niederschlagsarmen, warmen Sommertagen. **Wert:** einer unserer beliebtesten Speisepilze. „Nomen est omen", der Brätling gehört gebraten (Name!) und nicht gekocht. Er kann auch in kleineren Mengen roh gegessen werden; Rohgenuss in größeren Mengen sollte man – vorsorglich – wegen den nicht auszuschließenden hämolytischen Auswirkungen vermeiden. Empfehlung: Beim Sammeln sollte der Pilz wegen des starken Milchaustritts nicht abgeschnitten, sondern ausnahmsweise herausgedreht oder herausgehoben werden! Im übrigen: der Geruch vergeht beim Braten.

Verwechslung: bei Beachtung der reichlichen, weißen nach Fisch riechenden Milch ist eine Verwechslung mit anderen Milchlingen nicht möglich!

Rotbrauner Milchling

Lactarius rufus

Hut: 4 – 10 cm, anfangs kegelig mit eingerolltem Rand sowie meist mit spitzem Buckel, später konvex bis trichterförmig mit +/– zentraler Papille, Huthaut körnig matt, trocken und meist glanzlos, dunkel rot- bis orangebraun, oft weißlich bereift, Rand meist etwas heller, bisweilen gerieft und oft wellig. **Lamellen:** jung hellcreme, später hell rötlichocker, bisweilen mit rotbräunlichen Flecken. **Stiel:** bis 10 cm lang, bis 2 cm dick, zylindrisch, brüchig, alt hohl, jung weißlich-rosa und bereift, später rosabraun bis orangebräunlich.**Fleisch:** weißlich bis blass rotbräunlich mit harzig-holzigem Geruch, Geschmack nach kurzem Kauen progressiv sich brennend verschärfend, (ohne Milch dagegen nur leicht schärflich), Milch weiß und (isoliert) sehr scharf. **Sporenpulver:** weiß. **Vorkommen:** Juni bis Oktober in sauren, nährstoffarmen Nadelwäldern meist bei Fichten oder Kiefern, seltener im Laubwald; örtlich oft Massenpilz. **Wert:** ungenießbar bis schwach giftig; bei üblicher Zubereitung giftig, erzeugt Magen- und Darmbeschwerden. Der Pilz enthält giftige Kohlenwasserstoffverbindungen sog. Terpene (Sesquiterpene), die den scharfen Geschmack verursachen. Nach ausgiebiger Wässerung über Nacht, anschließendem Abkochen (ca. 10 Min.) – Kochwasser weggießen – und scharfem Braten wird lt. Literatur der bittere und scharfe Geschmack beseitigt. In Osteuropa und Russland gehört dieser „Paprikapilz" nach entsprechender Vorbehandlung zu den beliebten Speisepilzen. In Finnland ist der Rotbraune Milchling nach entsprechender Zubereitung angeblich der am häufigsten verzehrte Pilz und wird sogar auf den Märkten angeboten.

Verwechslung: es gibt mehrere ähnlich gefärbte Milchlinge (z.B. der Eichenmilchling *(Lactarius quietus)*, der Kampfermilchling *(Lactarius camphoratus)* usw. Sie besitzen jedoch allesamt fast milde, leicht bitterliche oder schärfliche Milch und grenzen sich insoweit vom Rotbraunen Milchling mit seiner brennend-scharfen Milch deutlich ab.

Mohrenkopfmilchling, Schornsteinfeger

Lactarius lignyotus

Hut: 2,5 – 6 cm, bald flach ausgebreitet und niedergedrückt, später zentral vertieft, meist spitz gebuckelt mit welligem eingerollten Rand, dunkelbraun bis schwarzbraun mattsamtig und vornehmlich zentral strahlig runzelig. **Lamellen:** herablaufend, weiß bis weißlichocker, verletzt rötlich verfärbend, auffälliger Kontrast der Farben der Lamellen im Vergleich zur schwarzbraunen Stielfarbe. **Stiel:** bis 9 cm lang, bis 1 cm dick, samtig schwarzbraun wie Hut, Stielspitze charakteristisch längsrunzelig (Lamellenverlängerungsstrukturen in Stielspitze!), alt hohl. **Fleisch:** weiß, jung reichlich, alt spärliche weiße Milch; Fleisch und Milch laufen an der Luft rosarötlich an. Geruch schwach, Geschmack mild, meist nussartig mit bisweilen schwach bitterlichem Nachgeschmack. **Sporenpulver:** weiß.

Vorkommen: August bis Oktober in sauren Fichtenwäldern der Mittelgebirge, im Flachland häufig fehlend. **Wert:** wertvoller Speisepilz; kross gebraten eine Delikatesse, gehört zu den wenigen Speisepilzen, die auch roh gegessen werden können.

Verwechslung: eigentlich kaum zu verwechseln. Der an gleichen Standorten vorkommende ungenießbare, scharf schmeckende Pechschwarze Milchling *(Lactarius picinus)* hat wohl ebenfalls einen dunkelsamtigen, jedoch nicht spitzgebuckelten Hut. Außerdem ist der Hut als auch der apikale Stielteil nicht runzelig.

Edel-Reizker, Echter Reizker, Kiefern-Blutreizker

Lactarius deliciosus

Hut: 4 – 11 cm, jung flach ausgebreitet und leicht vertieft, hart, feucht schmierig, Rand lange eingerollt, auf hell orangeocker bis fleischrötlichem Grund mit deutlicher Zonierung, die sich aus +/– konzentrisch angeordneten dunkleren Flecken und Tropfen zusammensetzt, trocken bereift erscheinend, nicht oder nur in geringem Umfang grünlich verfärbend. **Lamellen:** orangegelblich, nach Verletzung verzögert grünend, am Stiel etwas herablaufend. **Stiel:** bis 7 cm lang, bis 3 cm dick, zylindrisch, kurz, glatt, ringlos, orangefarben, bei Verletzung oder wenn älter grün verfärbend, bald hohl, mit deutlichen, dunklen, tropfigen Flecken (in unterschiedlicher Größe) bedeckt, im Alter hohl. **Fleisch:** weißlich, spröde und brüchig, bei Anschnitt sich durch die Milch orange verfärbend, unter der Huthaut sowie der Stielrinde und über den Lamellen orange gefärbt, Geruch angenehm, Geschmack mild (mit leicht bitterlichem Nachgeschmack), Milch (Latex) rötlich-orange, nicht weinrot verfärbend; nach 1 bis 2 Stunden einen leicht grünlichen Farbton annehmend, auch an Fraßstellen erst orange, später grünlich verfärbend. **Sporenpulver:** hellocker. **Vorkommen:** August bis Oktober auf sauren bis alkalischen Böden, Mykorrhizapilz der Kiefer, ortshäufig. **Wert:** kross gebraten oder paniert ist er eine Delikatesse (am besten in dünnen Scheiben in der Pfanne in sehr heißem Fett hellbraun braten). Der Edel-Reizker (Name!) ist unter den „Blutreizkern" (Milchlinge mit orangefarbener oder roter Milch) erste Wahl! Bitte keine Panik, wenn sich nach der Mahlzeit der Urin entsprechend verfärbt!

Verwechslung: mit einigen weiteren „Blutreizkerarten" z.B. dem sehr häufigen bei Fichte wachsenden Fichtenreizker (S. 155) mit weinrot bis weinbraun verfärbender Milch, dem ebenfalls essbaren, seltenen, rötlichgrauen bis zimt-braunen bei Kiefern auf sauren Böden wachsendem Braunen Kiefern-Blutreizker *(L. quieticolor)* sowie dem seltenen unter Weißtannen wachsenden Lachsreizker *(L. salmonicolor)*, dessen karottenrote, bitterliche Milch sich an der Luft nach ca. 10 Min. weinbraun verfärbt. Die weiteren seltenen Blutreizkerarten sind alle essbar.

Fichtenreizker, Fichten-Blutreizker

Lactarius deterrimus

Hut: 4 – 10 cm, jung halbkugelig, dann trichterig ausgebreitet, lange mit eingerolltem, bisweilen auch wellig verbogenem Rand, feucht schmierig, orange, lachsorange bis orangebräunlich, mit von der Hutmitte ausgehenden, grünen, bisweilen +/– konzentrischen Flecken. **Lamellen:** orangegelblich bis lachsfarben, verletzt zunächst dunkelrot, dann grün verfärbend. **Stiel:** bis 7 cm lang, bis 2 cm dick, zylindrisch, kurz, glatt, orange, bald meist grün fleckend, ohne tropfige Flecken. **Fleisch:** orange, bei Verletzung nach ca. 30 bis 60 Min. weinrötlich verfärbend, letztlich graugrünlich. Milch bitter, etwas harzig, karottenrot, an der Luft langsam nach ca. 10 bis 20 Min. weinrot bis weinbraun verfärbend, später grünlich. Geruch obstartig, Geschmack mild, dann bitter. **Sporenpulver:** hellocker. **Vorkommen:** Juli bis Oktober im Fichtenwald auf kalkhaltigem Untergrund, oft am Rande von kalkschotterhaltigen Waldwegen. **Wert:** von den Blutreizkern ist der Fichtenreizker der häufigste Reizker. Der leicht bitterliche Geschmack verliert sich beim Braten (sollte also stets in heißem Fett gebraten werden!), dann wohlschmeckend.

Verwechslung: ist wegen der karottenroten Milch und den späteren Grüntönen nur wieder mit anderen – allesamt essbaren – weniger häufigeren Blutreizkern verwechselbar. In unseren Kiefernwäldern wächst oft am Rande von befestigten Waldwegen der Edelreizker (S. 154). Dieser weist z.B. weniger Grüntöne auf, die karottenrote Milch verfärbt sich nicht weinrot und ist nicht unangenehm bitterlich und die Stiele weisen keine rundliche Flecken auf.

Pfeffermilchling, Langstieliger Pfeffermilchling

Lactifluus piperatus Syn.: *Lactarius piperatus*

Hut: 6 – 12 cm, jung konvex mit eingerolltem +/– runzeligen Rand, bald flach und +/– niedergedrückt, alt trichterförmig vertieft, jung glatt, körnig matt (nicht samtig!), alt +/– runzelig, Oberfläche weiß bis creme-weiß, im Alter mit gelbbräunlichen Flecken sowie oft braunschorfig. **Lamellen:** sehr eng stehend sowie sehr schmal, weiß bis cremegelb, an verletzten Stellen mit braunen Flecken, herablaufend. **Stiel:** 6–8 cm lang, bis 2,5 cm dick, zylindrisch, glatt, mitunter ziemlich lang, mitunter etwas exzentrisch, basal oft zugespitzt, im unteren Teil des Stiels oft ocker- bis rostfleckig. **Fleisch:** weiß, bei Anschnitt cremegelb verfärbend, sehr hart, Geruch süßlich bis unauffällig, Geschmack scharf. Die jung reichlich austretende weiße, unveränderliche Milch weist einen brennend scharfen Geschmack auf (Name!). **Sporenpulver:** weiß. **Vorkommen:** Juni bis Oktober in Laubwäldern (gerne unter Rotbuchen und Eichen) und Gebüschen, bevorzugt auf neutralen bis kalkhaltigen Böden, früher häufig, jetzt rückläufig. **Wert:** bei üblicher Zubereitung ungenießbar, da zu scharf. Durch scharfes Braten oder Grillen wird der Pilz „entschärft", schmeckt dann jedoch „neutral" und kann dann durch verschiedene Gewürze (Salz, Pfeffer, Paprikapulver, Kräuter, usw.) „genossen" werden. Er kann auch getrocknet und als Würzpilz verwendet werden.

Verwechslung: mit sehr ähnlichem Grünendem Pfeffermilchling *(Lactifluus glaucescens)* mit grün verfärbender Milch mit gleichem „Speisewert" sowie dem ebenfalls „bedingt essbaren" Wolligen Milchling (S.157) mit samtig bis feinfilzigem Hut, scharfem Fleisch, jedoch (isoliert) mild bis bitterlicher Milch.

Wolliger Milchling, Erdschieber

Lactifluus vellereus Syn.: *Lactarius vellereus*

Hut: 6 – 30 cm, jung flach gewölbt und bisweilen niedergedrückt, später mit trichterartig vertiefter Mitte, Hutrand lange eingeschlagen, bereift bis flaumig, trocken, ungezont, weiß bis cremefarben, alt oft mit ockerlichen Flecken, trocken felderig zerrissen, Hut oft +/– mit Erd- oder Pflanzenresten bedeckt (Name: „Erdschieber"). **Lamellen:** entfernt, dicklich, breit, +/– herablaufend, weißlich bis ockerlich, alt oder verletzt bisw. weinrötlich fleckend, jung oft mit weißlichen Milchtröpfchen. **Stiel:** bis 7 cm lang, bis 5 cm dick, meist zylindrisch, stämmig, hart, im Vergleich zur Hutbreite kurz, hutfarben, fein filzig, unterer Stielteil bisweilen mit ocker- bis rostfarbenen Flecken. **Fleisch:** weiß, hart, an Schnittstellen cremegelb, dann rosaverfärbend, Geschmack sehr scharf, weiße Milch dagegen – getrennt vom Fleisch – gelb verfärbend und mild bis leicht bitter! **Sporenpulver:** blasscreme. **Vorkommen:** August bis November im Laubwald, insbesondere unter Buche, Eiche oder Birke, seltener unter Koniferen, durchaus häufig. **Wert:** bei üblicher Zubereitung schwach giftig; enthält terpenoide Verbindungen, die für den scharfen Geschmack ursächlich sind. Auswirkungen: Übelkeit mit Brechdurchfall. Durch Spezialrezept genießbar: in dünnen Scheiben geschnitten verliert der Pilz durch heißes Braten seine Schärfe und schmeckt fast mild. Sein besonderer Geschmack sagt jedoch nicht jedermann zu.

Verwechslung: ähnlich ist der äußerlich nicht zu unterscheidende unter Laubbäumen vorkommende seltene Scharfmilchende Wollschwamm *(Lactifluus bertillonii)* mit scharfer Milch, sowie die scharf schmeckenden Pfeffermilchlinge mit jeweils engen Lamellen, meist zugespitztem Stiel und glatten Hüten. Die ähnlichen Weißtäublinge besitzen keinen Milchsaft.

Olivbrauner Milchling, Tannenreizker

Lactarius turpis Syn.: *Lactarius plumbeus, Lactarius necator*

Hut: 4 – 10 cm, jung gewölbt, zentral niedergedrückt mit eingerolltem, zottig-filzigen, bald verkahlendem Rand, später trichterig aufgeschirmt, dunkel olivgrün bis olivbraun, Hutmitte olivschwärzlich, feucht klebrig-schmierig, trocken leicht filzig und mitunter etwas runzelig, fransiger, gelbgrünlicher Rand lange eingerollt. Der Pilz hat ein „kremplingsähnliches" Aussehen. **Lamellen:** creme bis gelblich, bald deutlich mit braunen Flecken, an Druckstellen bräunlich verfärbend. **Stiel:** bis 7 cm lang, bis 3 cm dick, zylindrisch, olivgrün bis olivgrau, oft mit dunkleren grubigen Flecken. **Fleisch:** weißlich, verletzt leicht bräunlich, Geruch schwach harzig, Geschmack anfangs mild, dann sehr scharf. Milch: weiß ebenfalls sehr scharf, eintrocknend grau bis graugrün. **Sporenpulver:** hell cremefarben. **Vorkommen:** Juli bis Oktober im Nadel- und Laubwald, in Park- und Gartenanlagen, bevorzugt auf sauren, trockenen Standorten unter Fichten und Birken, sehr häufig. **Wert:** giftig, enthält nicht nur die allgemein bei scharfen Milchlingen auftretenden Sesquiterpene, sondern nach neueren Erkenntnissen das stark erbgutverändernde (mutagene) und krebserregende (carcinogene) hitzestabile Necatorin. Vor einem Verzehr muss selbst bei speziellen Zubereitungsmethoden (z.B. Silieren) gewarnt werden!

Verwechslung: der Olivbraune Milchling ist kaum zu verwechseln. Allenfalls käme der ungenießbare, unter Buchen wachsende, scharf schmeckende Graugrüne Milchling (S.160) mit weißen Lamellen infrage, dessen weiße Milch sich langsam hellgrau bis graugrünlich verfärbt.

Maggipilz, Bruchreizker

Lactarius helvus

Hut: 5 – 15 cm, anfangs flach gewölbt, dann ausgebreitet mit eingeschlagenem Rand, feinfilzig bis schuppig, im Alter bei vertiefter Mitte wellig aufgeschlagen, ungezont, trocken, beige, gelblich-fleischfarben bis ockerrötlichbraun. **Lamellen:** anfangs weißgelblich, cremegelb, später oft orangeocker, leicht herablaufend. **Stiel:** bis 12 cm lang, bis 3 cm dick, zylindrisch, +/– hutfarben, alt fuchsig mit heller Spitze mit striegelig-zottigweißer Basis, später gekammert bis gänzlich hohl. **Fleisch:** bald brüchig, weiß-gelblich; im Jugendstadium wasserklare Milch absondernd, im Alter +/– fehlend. Jung geruchlos, dann +/– stark nach Maggi bzw. Liebstöckel. **Sporenpulver:** rahmgelblich. **Vorkommen:** Juli bis Dezember in feuchten, sauren Nadel- und Laubwäldern, sowie Mooren (Torfmoos), oft Kiefernbegleiter. **Wert:** nicht nur roh giftig (unbekannte Gifte), Folge: Übelkeit, Erbrechen, Durchfall. Getrocknet und zu Pulver zermahlen ergibt der Pilz jedoch ein hervorragendes Würzpulver für Saucen und Suppen.

Verwechslung: der kleinere, dunkel orange- bis rotbraune häufige, +/– essbare Kampfermilchling *(Lactarius camphoratus)* riecht frisch schwach nach Blattwanzen, hat im Alter und im angetrockneten Zustand ebenfalls einen deutlichen Maggigeruch und kann als Würzpilz verwendet werden.

Graugrüner Milchling

Lactarius blennius

Hut: 5 – 10 cm, jung etwas gewölbt bis ausgebreitet mit niedergedrücktem Zentrum, später bisweilen trichterig aufgeschirmt, feucht schmierig, trocken glänzend, graugrünlich, graubraun mit oft dunklen konzentrischen tropfigen Flecken, Hutrand lange eingebogen. **Lamellen:** reinweiß, dicht stehend, alt gelblich, oft mit graugrünen eingetrockneten Milchtröpfchen. **Stiel:** bis 7 cm lang, bis 3 cm dick, zylindrisch, bald hohl, basal wie ein Wurstzipfel zusammengeschnürt, feucht klebrig-schmierig, grau bis olivgrau. **Fleisch:** weiß, Geruch schwach blattwanzenartig, Geschmack scharf. Milch: weiß, eintrocknend graugrünlich verfärbend, nach wenigen Sekunden scharf. **Sporenpulver:** gelblich. **Vorkommen:** Juli bis Oktober, obligater Buchenbegleiter. **Wert:** ungenießbar; enthält scharfe Terpenoide.

Verwechslung: mit dem ebenfalls scharfen, ungenießbaren auf kalkhaltigen Böden bei Buchen und Hainbuchen wachsendem Braunfleckenden Milchling *(Lactarius fluens)* mit +/– braunfleckigen Lamellen und einem Hut mit meist weißlichem Zonenrand.

Birkenreizker, Zottiger Birkenmilchling

Lactarius torminosus

Hut: 5 – 10 cm, jung halbkugelig bis flach-konvex mit stark eingerolltem, wollig-zottigem Rand, später ausgebreitet und zentral eingedellt, feucht etwa schmierig, im Alter +/– trichterförmig, Oberfläche dicht filzig, fleischrosa, rosabräunlich bis orangebräunlich mit dunkleren weinrötlichen Zonen, Rand lange eingerollt und mit zottigen Haaren behangen. **Lamellen:** jung weißlich blass, dann beigerosa, dicht stehend, meist schwach herablaufend, eine weiße (unveränderliche) Milch absondernd. **Stiel:** bis 10 cm lang, bis 2 cm dick, zylindrisch, bald hohl, weiß oder hellrosa, glatt, fein weißlich bereift, Stielspitze bisweilen mit schmalem rotbräunlichem Ring. **Fleisch:** fest, weiß bis blassrosa, mit sehr scharfem weißen Milchsaft, Geruch obstartig, Geschmack brennend scharf. **Sporenpulver:** hellocker. **Vorkommen:** Juli bis Oktober unter Birken in Wäldern und Parkanlagen. **Wert:** giftig, enthält giftige Terpene, erzeugt deutliche Magen- und Darmbeschwerden. Durch Silieren (Milchsäuregärung wie bei der Sauerkrautherstellung) werden die scharfen Geschmacksstoffe eliminiert. In Russland sowie in Skandinavien wird der Birkenreizker in großen Mengen gesammelt und nach entsprechender Vorbehandlung beschwerdefrei verzehrt. Die geschnittenen Pilze werden z.B. über Nacht gewässert, anschließend ca. 10 Minuten abgekocht (Kochwasser wird weggeschüttet), dann wie andere Pilze verzehrt. In Finnland ist der Birkenreizker sogar „Marktpilz".

Verwechslung: mit dem ebenfalls giftigen, unter Birken wachsendem Flaumigen Milchling *(Lactarius pubescens)* mit hellem ungezonten Hut. Die häufigen essbaren Blutreizker (S. 154, 155) haben allesamt +/– karottenrote Milch mit mildem bis bitterlichem Geschmack.

Flatterreizker, Flatter-Milchling, Milder Schwefelmilchling

Lactarius tabidus Syn.: *Lactarius theiogalus*

Hut: 2 – 7 cm, jung gewölbt mit meist kleiner Papille, bald ausgebreitet mit eingedellter bis +/– flachtrichteriger Hutmitte und meist mit spitzem Buckel, ziemlich dünnfleischig, feucht klebrig-glänzend, einfarbig und ohne Zonierung, Oberfläche feucht orange-bräunlich, orange-rötlich bis fuchsig-rötlich, bisweilen auch zimtbraun, trocken matt, ausblassend (hygrophan), +/– glimmerig und oft feinrunzelig, in Hutmitte +/– rotbräunlich und oft im Alter oder bei Trockenheit im Hutzentrum charakteristisch radial-aderig; der lange nach unten gebogene blassere Rand ist feucht schwach gerieft, im Alter oft wellig und verbogen „flatterig" (Name!). **Lamellen:** fleischrosa, bisweilen etwas rostfleckig. **Stiel:** bis 6 cm lang, bis 1 cm dick, zylindrisch, hutfarben, basal dunkler, fein weiß bereift, bald hohl. Milch: wässerig-weiß, langsam gilbend (z.B. auf weißem Taschentuch +/– kräftig gelb verfärbend), erst mild, dann mit meist bitterem und scharfem Nachgeschmack. **Fleisch:** cremefarben, im Schnitt bald hellgelb verfärbend, brüchig, Geruch schwach würzig, Geschmack zuerst mild, dann bitterlich und schärflich sowie etwas „zusammenziehend" (adstringierend). **Sporenpulver:** creme. **Vorkommen:** Juni bis November an feuchten, meist sauren Standorten im Laub- und Nadelwald, bevorzugt unter Fichten und Birken, häufig. **Wert:** der Flatterreizker ist nicht giftig, jedoch ohne besonderem Geschmack und durch den bitterlichen und schärflichen Nachgeschmack nicht zu empfehlen.

Verwechslung: möglich mit dem seltenen orangefarbenen, mild bis bitter schmeckenden Milden Milchling *(Lactarius aurantiacus* s.l.*)* mit weißer nicht verfärbender Milch (milde Formen sind „genießbar", aber minderwertig) und dem mild schmeckenden ähnlich gefärbten bei Buchen vorkommenden Süßlichen Milchling *(Lactarius subdulcis)* mit ebenfalls weißer, jedoch nicht verfärbender Milch. Der äußerst seltene bei Erlen, Pappeln, Weiden und Birken auf nassen, basenreichen Standorten vorkommende ungenießbare Pfützenmilchling *(Lactarius lacunarum)* hat einen dunkleren Hut und es fehlt hier die deutlich aderig-runzelige Hutmitte.

Pfifferling
(Cantharellus cibarius)
essbar

Trompetenpfifferling

Craterellus tubaeformis Syn.: *Cantharellus tubaeformis, Cantharellus infundibiliformis*

Hut: 3 – 6 cm breit, genabelt, Rand oft trichterförmig wellig verbogen, trompetenförmig gänzlich durchbohrt (anderer Name: „Durchbohrter Leistling"), braungelb bis olivbraun. **Leisten:** graugelblich, am Stiel herablaufend, jung mit Queradern. **Stiel:** bis 8 cm lang, bis 1 cm dick, graugelb bis schmutzig gelb, basal meist heller, hohl, meist verbogen und breit zusammengedrückt. **Fleisch:** gelbbräunlich, später auch ganz grau, Geruch würzig, Geschmack mild. **Sporenpulver:** blass gelb. **Vorkommen:** August bis Dezember im Nadel- und Mischwald, bevorzugt auf sauren, feuchten und moosigen Böden, in manchen Jahren Massenpilz. **Wert:** etwas zähfleischig, kann fein aufgeschnitten einem Pilzmischgericht beigegeben werden, auch zum Trocknen geeignet.

Verwechslung: mit dem nicht häufigen Goldstieligen Leistling *(Craterellus lutescens)* mit einer runzeligaderigen Hutunterseite und einem im Jugendstadium süßlichen Geruch nach Mirabellen (ebenfalls essbar). Am gleichen Standort können auch (essbare) Trompetenpfifferlinge mit gelbem bis gelbbräunlichem Hut, sowie gelben Leisten und chrom-gelbem Stiel sowie Zwischenformen wachsen. Im übrigen: vom Pfifferling sind verschiedene Varianten beschrieben, die allesamt essbar sind.

Pfifferling, Eierschwamm, Reherl

Cantharellus cibarius

Hut: 2 – 15 cm breit, kreiselförmig, jung mit eingerolltem Rand, alt trichterförmig und Rand oft wellig verbogen, glatt, blassgelb bis dottergelb (verwandte Arten: hell weißgelb oder mit violetten Schüppchen (letzterer: Amethystpfifferling, *C. amethysteus*). **Leisten:** ähnlich Lamellen, hutfarben, typisch mehrfach gegabelt, herablaufend, mit Anastomosen. **Stiel:** bis 8 cm lang, bis 2 cm breit, oft verbogen, zylindrisch, basal zuspitzend. **Fleisch:** weiß bis cremegelb, knackig fest, am Rande brüchig, Geschmack anfänglich mild, nach längerem Kauen leicht pfefferig (Name!), Geruch aromatisch obstartig. **Sporenpulver:** blassgelb. **Vorkommen:** Juni bis November, in Laub- und Nadelwäldern auf nährstoffarmen, sauren Böden, insbesondere unter Fichten, Kiefern und Rotbuchen, häufig. **Wert:** wertvoller, wohl bekanntester Speisepilz mit überdurchschnittlicher Lagerungsmöglichkeit; nicht gut zum Trocknen, jedoch zum Einfrieren geeignet.

Verwechslung: in erster Linie mit dem ungenießbaren Falschen Pfifferling (S. 91). Unterscheidungsmerkmale des Falschen Pfifferlings: Mehr orange (statt gelb), filziger (statt glatter) Hut, leicht ablösbare gegabelte Lamellen ohne Anastomosen (statt Leisten mit Anastomosen), Geruch fehlend (statt obstartig). Geschmack etwas muffig (statt nach längerem Kauen pfefferig), Fleisch gelb (statt weißlich bis blassgelb), Fleisch elastisch (statt am Rand brüchig), auf Totholz wachsend (statt auf Boden). Manchmal findet man – meist unter Buchen – den ebenfalls essbaren, "weißlichen", kräftigeren Blassen oder Weizen-Pfifferling *(Cantharellus pallens)*. Ähnlich ist auch der seltene, mehr orange gefärbte, samtige, dünnfleischige und kleinere – ebenfalls essbare – Samtige Pfifferling *(C. friesii)*. Junge hochgiftige (jedoch sehr seltene) Orangefuchsige Rauköpfe in „Fingerhutgröße" können wegen dem gelben Farbton jungen Pfifferlingen ähneln.

Semmel-Stoppelpilz

Hydnum repandum

Hut: 5 – 15 cm, anfangs gewölbt mit lange eingerolltem Rand, alt unregelmäßig verformt, bisweilen auch trichterig, weißgelblich bis orangerötlich (Hutfarbe wie eine Semmel), dickfleischig, oft benachbarte Stiele und Hüte miteinander verwachsen, Huthaut nicht abziehbar, bei Trockenheit mit felderigen Einrissen. Stacheln: weißlich-creme, pfriemförmig, brüchig, am Hut-Stiel-Übergang weich geschwungen, Stacheln meist weit am Stiel herablaufend. **Stiel:** bis 5 cm lang, bis 3 cm dick, zylindrisch, bisw. exzentrisch, oft verbogen. **Fleisch:** weißlich bis gelblich-weiß, bei Anschnitt gelb bis orange verfärbend, Geruch aromatisch, Geschmack mild bis schwach schärflich, im Alter bitter.

Sporenpulver: weiß. **Vorkommen:** im Laub- und Nadelwald, oft in Reihen oder Kreisen wachsend, häufig auch mit Pfifferlingen zusammen vorkommend. **Wert:** guter Speisepilz; jung wohlschmeckend, selten von Maden zerfressen; ältere Pilze sind meist zäh und bitter.

Verwechslung: mit kleineren mehr orange-rötlich gefärbten, ebenfalls essbaren Arten der Stoppelpilze. Eine Verwechslung mit Pfifferlingen (S. 165) ist nicht ausgeschlossen; diese haben jedoch an der Unterseite Leisten und keine Stacheln.

Herbsttrompete, Totentrompete

Craterellus cornucopioides

Fruchtkörper: 4 – 10 cm hoch, 2 – 6 cm breit, trichter- bis trompetenförmig, meist innen hohl, dünnfleischig, weißgesäumter Hutrand nach außen umgeschlagen, Innenseite graubraun bis schwärzlich, feucht fast schwarz, filzig-schuppig, Außenseite (Fruchtschicht) grau, matt und runzelig, alt vom weißen Sporenpulver weißlich bedeckt, Oberfläche aderig-runzelig, die rudimentär ausgebildeten Leistungen übergangslos in den Stiel übergehend. **Fleisch:** dünn, dünn, zähelastisch, grauschwärzlich, Geruch mit angenehmer Würze, Geschmack mild. **Sporenpulver:** weiß. **Vorkommen:** August bis Oktober häufig gesellig in großen Mengen vornehmlich in Buchen- seltener in Eichenwäldern, insbes. auf Kalkböden, ausnahmlich auch bei Koniferen. Wer die Herbsttrompeten nicht kennt, ist der Meinung, er hätte vom Vorjahr überständige alte Pilze vor sich. **Wert:** sehr guter Würzpilz! Herbsttrompeten können wohl auch für verschiedene Beimischungen in frischer Form verwendet werden. In manchen guten Restaurants steht die Herbsttrompetensuppe auf dem Speiseplan. Sein eigentliches Aroma entfaltet der Pilz, wenn man ihn trocknet und dann als Würze benutzt. Zur Verfeinerung von Soßen und Suppen ist der Pilz auch in pulverisierter Form sehr gut geeignet. „Herbsttrompetenbutter" soll einer „Trüffelbutter" geschmacklich nicht nachstehen!

Verwechslung: mit dem ebenfalls hohlen, essbaren Grauen Leistling *(Cantharellus cinereus)* mit deutlich sichtbaren Leisten und der essbaren, seltenen graubraunen Krausen Kraterelle *(Pseudocraterellus undulatus)* mit gelblichem, welligen („krausen") Hutrand, glatter, später aderig-runzeliger Hutunterseite (ohne Leisten!) sowie längsgrubigem, hohlen Stiel..

Beutel-Stäubling
(Lycoperdon excipuliforme)
essbar

Flaschen-Stäubling

Lycoperdon perlatum

Fruchtkörper: 4 – 8 cm hoch, umgekehrt flaschenförmig, Kopfteil kugelig, +/– zugespitzt, bis 6 cm breit, abrupt in den Stielteil übergehend, Oberfläche anfangs weiß, später bräunend, Oberseite mit 2 bis 3mm langen weißen konischen, abwischbaren Stacheln, jeweils in charakteristischer Weise umringt von kleineren Wärzchen, zum Stiel verkleinern sich die Stacheln und werden spärlicher. Nach Abfallen ist auf der Oberfläche ein netzartiges(!) Muster zu erkennen. **Fleisch:** jung weiß und fest, bald gelblich weichschwammig, und nach einer matschigen Phase in ein olivgrünes Pulver übergehend. Im Reifestadium reißt der Scheitel auf und das olivbraune Sporenpulver wird ausgeschieden, demnach alt „stäubend". Geruch von jungen Exemplaren schwach rettichartig, Geschmack mild. **Sporenpulver:** olivbraun. **Vorkommen:** Juni bis November im Laub- und Nadelwald, an Wegrändern, in Parkanlagen und Gärten, oft massenhaft auftretend, sehr häufig. **Wert:** jung essbar und ein guter Speisepilz. Fast alle Stäublingsarten sind in jungem, festfleischigen Zustand essbar (Ausnahme: z.B. der auf Holz wachsende Birnen-Stäubling *(L. pyriforme).*

Der Flaschen-Stäubling ist ein guter „Bratpilz"! Die leicht abwischbaren Stacheln sollten vorher entfernt werden.

Verwechslung: kaum Verwechslungsmöglichkeit mit Giftpilzen. Durch die flaschenförmige Gestalt, jung weißer Farbe und die abwischbaren Stacheln ist dieser weichfleischige Pilz von anderen Stäublingen (Bovisten) grundsätzlich unterscheidbar. Im älteren bräunlichen Zustand ähnlich: der häufige, ebenfalls essbare, geschmacklich minderwertigere jung weißlich bis grauweißliche Stinkende Stäubling *(L. foetidum).* Eine Ähnlichkeit besitzt auch der ebenfalls jung essbare Beutelstäubling (S. 168) mit +/– abgesetztem Kopfteil, am Grunde des Kopfteils meist mit deutlichen Falten. Außerdem bestehen die Stacheln aus mehreren Einzelstacheln (Lupe!). Weiterhin der schon jung graubräunliche ebenfalls essbare Braune Stäubling (S. 170) der nach Abfallen der Stacheln jedoch kein Netzmuster hinterlässt! Junge Fliegenpilze im kugeligen „Babystadium" können ähnlich aussehen, haben jedoch beim Durchschnitt unter der Huthaut eine rotgelbe Linie.

Brauner Stäubling

Lycoperdon umbrinum

Fruchtkörper: bis 5 cm hoch, birnförmig bis kopfig, selten fast kugelig, mit schon im Jugendstadium kurzen hell-, dann rot-, schließlich schwarzbraunen gebogenen Stacheln besetzt (nach Abfallen Oberfläche glatt und kein Netzmuster hinterlassend), mit stielartiger, faltig zusammengezogener Basis, der Pilz schon in jungem Zustand graubräunlich, später dunkelbraun. **Fleisch:** jung innen weiß, später oliv- bis schwarzbraun. **Sporenpulver:** olivbraun. **Vorkommen:** August bis Oktober im Nadelwald, meist unter Fichten auf sandigem Boden, auf Kahlschlägen oft Massenpilz, häufig. **Wert:** wie der Flaschen-Stäubling jung essbar.

Verwechslung: mit essbarem sehr seltenen Weichlichen Stäubling *(Lycoperdon molle)* mit kleiigen Stacheln, rotbraunem Sporenpulver und meist im Laubwald vorkommend sowie dem minderwertigen Igel-Stäubling *(Lycoperdon echinatum)* mit bis zu 5 mm langen Stacheln, mit grobem Netzmuster und meist im Buchenwald auf basischen Böden wachsend. Siehe auch Bemerkungen zu Verwechslungen beim Flaschen-Stäubling (S. 169).

Riesenbovist

Calvatia gigantea Syn.: *Langermannia gigantea*

Fruchtkörper: 15 – 60 cm Durchmesser, Umfang bis zu 100 cm, rundlich bis ballonförmig, im Scheitel meist abgeflacht, jung weiß mit einer wildlederartigen Außenhaut und festfleischig, bei Reifebeginn verfärbt sich die Außenhülle grüngelblich bis olivbraun, der kugelige Pilz wird weich. Die eierschalenartige Außenhaut löst sich bei zunehmender Reife in großen Stücken ab, die brüchige Innenhaut ist anfangs weiß, dann ockergelb bis graubraun. Die Anwachsstelle ist faltig eingeschnürt (kein Stiel). **Fleisch:** jung gänzlich weiß und festfleischig, im Reifeprozess wird das Fleisch weich, verfärbt sich grüngelblich und wird matschig, später zu olivbraunem Staub zerfallend. Geruch nicht angenehm, im Alter harnartig. Geschmack mild. **Sporenpulver:** olivbraun. **Vorkommen:** Juni bis September auf nähr- und insbesondere stickstoffreichen Böden auf Weiden, Wiesen, Parkanlagen sowie in Gärten, also vorwiegend auf gedüngtem Untergrund, durchaus häufig. **Wert:** jung essbar, solange das Fleisch weiß und fest ist. Nach Entfernung der Außenhaut, kann man den Pilz in Scheiben schneiden und dann – mit oder ohne Panade – braten („Beamtenschnitzel"); gebratene Pilzstücke können auch tiefgefroren werden. Der Geschmack erinnert angeblich etwas an Kalbfleisch oder Tofu. Der Pilz enthält das Antikrebsmittel Calvacin und wird in der chinesischen Volksmedizin verwendet. Ein Riesenbovist – mit bis zu 7 Milliarden Sporen – kann in Ausnahmefällen ein Gewicht bis zu 25 kg erreichen.

Verwechslung: allein schon wegen der Größe des Pilzes kaum möglich.

Dickschaliger Kartoffelbovist, Kartoffelbovist

Scleroderma citrinum

Fruchtkörper: 3 – 8 cm hoch, bis 12 cm breit, breitkugelig, rundlich-knollig ähnlich einer Kartoffel (Name!), sehr hart, dem Boden aufsitzend, Oberfläche felderig-rissig bis schuppig, Außenschicht bis ca. 5 mm dick (Name!), weißgelblich, beigebraun, gelbbraun bis ockerlich mit groben, braunen Schuppen, Basisgrund mit gelblich-weißen Myzelsträngen, +/– stiellos. Innenschicht (Gleba): festfleischig, anfangs grauweiß bis blass creme-gelblich, bisweilen im Schnitt rosa verfärbend, dann Verfärbung über ilagrau, violettschwarz mit weißlicher Marmorierung, zuletzt oliv-schwarz und sich in pulverige Sporenmasse verwandelnd, die durch eine Öffnung am Scheitel entweicht. Geruch der Innenmasse unangenehm stechend metallisch. Geschmack zuerst mild, dann bitter. **Sporenpulver:** dunkel violettgrau. **Vorkommen:** Juni bis November im Laub- und Nadelwald, in Parkanlagen und Gärten, vorzugsweise auf sauren und sandigen Böden, sehr häufig. **Wert:** gefährlicher Giftpilz, neben gastrointestinalen Symptomen (z.B. Übelkeit, Erbrechen), können nach neueren Erkenntnissen auch neurologische Syndrome mit massiven Sehstörungen bis zur vorübergehenden Erblindung auftreten. Berichten zufolge wurde dieser Giftpilz zuweilen als Trüffelersatz verwendet und als „Streckungsmittel" teuren schwarzen Trüffeln (z.B. der Perigord-Trüffel) oder auch der begehrten Burgunder- oder der Sommer-Trüffel beigemischt.

Verwechslung: mit ebenso giftigen, jedoch dünnschaligen Hartbovisten *(z.B. Scleroderma verrucosum, S. areolatum, S. bovista)*. Alle Hartboviste sind giftig! Äußerlich ähnlich ist auch der essbare Gemeine Erbenstreuling (S. 173). Ein Längsschnitt zeigt die arttpyischen, erbsengroßen, rundlichen Kammern der Fruchtschicht und beseitigt alle Zweifel.

Böhmische Trüffel, Erbsenstreuling, Schiefertrüffel (Würzpilz)

Pisolithus arhizus Syn.: *P. tinctorius, P. arenarius*

Fruchtkörper: unregelmäßig rundlich-knolliger bis nieren-, birnen- bis beutelförmiger, oft kopfförmiger, oben abgerundeter „bovistartiger" Pilz (in der Form sehr veränderlich), 3 – 10 cm breit, 5 – 15 cm hoch, dünne, lederartige, glatte, anfangs weißliche, später gelbliche, ockergelbe bis schmutzig braune Außenhaut mit 1 – 8 cm langem in gelbe Myzelfäden auslaufendem Stiel oder bisweilen fast stiellos. Im Längsschnitt von jungen Fruchtkörpern zeigt sich ein Mosaik von marmoriert erscheinenden blass- bis schwefelgelben, rundlichen bis elliptischen „erbsengroßen" (Name!) sporentragenden Kammern, die im Reifeprozess später aber bräunen und dann zu Pulver zerfallen. Geruch und Geschmack würzig. **Vorkommen:** Juli bis September in Kiefern- oder Birkenwäldern auf sauren und nährstoffarmen Böden, auf frischen Waldwegen, insbesondere jedoch auf Schlackenhalden, Kiesgruben, Steinbrüchen, oft massenhaft auf Abraumhalden von Braunkohlentagebauen, Bergwerken und Schieferbrüchen; öfter an verwittertem oder verwitterndem Schiefer im Naturpark Frankenwald zu finden. **Wert:** jung ein guter Gewürzpilz („Böhmische Trüffel"), so lange er fest und noch nicht zerfallen ist. Nach Entfernung der Außenhaut, wird der Pilz in Scheiben geschnitten und getrocknet. Suppen und Soßen erhalten durch die Beigabe von in der Regel nur einer Scheibe eine tiefbraune Farbe und würzigen Geschmack (vgl. Bild S. 187). Der Sternekoch Alexander Herrmann bietet z.B. den „Fränkischen Schiefertrüffel" als „einen der edelsten Botschafter der Region" in seinem Bistro in Wirsberg / Oberfranken in verschiedenen Zubereitungsformen an. Die Böhmische Trüffel wird mit Preisen von ca. 200 Euro je kg gehandelt.

Verwechslung: Die Böhmische Trüffel kann noch am ehesten mit den giftigen Kartoffelbovisten (S. 172) verwechselt werden. Die seltene Böhmische Trüffel ist jedoch durch die im Längsschnitt arttypischen, „erbsengroßen" rundlichen Kammern gut gekennzeichnet. Die auch in Gärten und Parkanlagen häufig vorkommenden Kartoffelboviste besitzen dagegen eine einheitlich gefärbte, bald grauschwärzliche Fruchtmasse, die nur mit einer feinen, hellen Aderung durchzogen ist.

Spitzmorcheln
(Morchella elata)
essbar

Speise-Morchel

Morchella esculenta

Hut: 3 – 10 cm hoch, 3 – 8 cm breit, eiförmig bis +/– stumpfkegelig, mit unregelmäßig angeordneten Hutwaben (ähnlich Bienenwaben) ohne erkennbare Längsstruktur, mit ausgedehnter Farbbandbreite, nämlich von hell beige, gelb, rotbraun bis dunkelgrau, innen hohl, Hut mit dem Stiel verwachsen. **Stiel:** bis 9 cm lang, bis 4 cm dick, weiß bis gelblich, zylindrisch, bisweilen bauchig, hohl, Oberfläche kleiig, wellig gefurcht und oft verbogen, mit verdickter Basis. **Fleisch:** zart, brüchig-wachsartig, Geruch angenehm, Geschmack mild. **Sporenpulver:** gelb ockerlich. **Vorkommen:** März bis Juni in Laubwäldern, bevorzugt in Auenwäldern (mit Vorliebe in Bachauen unter Eschen), Parkanlagen, Streuobstwiesen und auf ungedüngten Wiesen, in Gärten auf mineralreichen Böden. **Wert:** einer unserer wertvollen Speisepilze mit köstlichem Aroma, hervorragend zum Trocknen geeignet. Reichlicher Genuss von frischen Morcheln kann jedoch zu unbekömmlichen Symptomen (z.B. Brechreiz, Brechdurchfälle) führen.Im Einzelfall kann es auch nach ca. 12 Stunden zu mysteriösen neurologischen Störungen (z.B. Muskelschwäche, Sehstörungen, Taubheitsgefühlen, usw.) kommen, die allerdings unbehandelt nach etwa einem Tag wieder spurlos verschwinden. Ursächlich hierfür ist ein unbekanntes Neurotoxin (Nervengift). Empfindliche Personen sollten also Morcheln vorher abkochen und das Kochwasser wegschütten. Die Giftstoffe werden beim Trocknen abgebaut. Getrocknete Morcheln besitzen mehr Aroma und sind bekömmlicher als frische Morcheln.

Verwechslung: als klassischer Doppelgänger kommt hier die hochgiftige im sandigen Kiefernwald wachsende Frühjahrs-Giftlorchel (S. 178) in Betracht. Sie weist jedoch einen abgeflacht rundlichen, hirnartig gewundenen, nicht gekammerten Hutteil auf. Eine Verwechslung mit der ebenfalls essbaren, typisch spitzkegeligen +/– grauen Spitzmorchel oder Hohen Morchel *(M. elata)* (vgl. Foto links) mit einer +/– deutlichen längsgerichteten Wabenstruktur oder mit der auf Rindenmulch erscheinenden häufigen Garten-Morchel (S. 177) – mit makroskopisch weitgehend identischem Aussehen wie die Spitzmorchel – ist unschädlich.

Gemeine Stinkmorchel, Leichenfinger (jung als „Hexenei“ essbar)

Phallus impudicus

Junger Fruchtkörper („Hexenei"): anfangs unterirdisch wachsend, dann als schmutzig-weiße, glatte, weiche hühnereigroße Kugel („Hexenei“) an die Oberfläche kommend, Basis mit wurzelähnlichen Myzelsträngen. **Hut:** 3 – 5 cm hoch, bis 3 cm breit, ähnlich einem Fingerhut, jung mit dunkelolivgrüner, schleimiger und später abtropfender Sporenmasse bedeckt, nach Abtropfen weist das faltig gerippte Hütchen eine gelblich-weiße Farbe auf. In diesem Zustand spricht der Volksmund von einem „Leichenfinger“, dies vor allem, wenn Stinkmorcheln auf Gräbern wachsen. **Stiel:** bis 20 cm lang, bis 4 cm breit, weiß, schwammig-porös, innen hohl, Basis steckt in der Eihülle. **Fleisch:** im Längsschnitt ist die Anlage des Hutes mit Stiel (Fruchtmasse dunkelolivgrün) vorgebildet, umhüllt von einer durchsichtigen, bräunlichgelben gallertigen Schicht. Im Reifestadium platzt die äußere Hülle an der Spitze auf und in wenigen Stunden entsteht der fertige Pilz. Geruch: widerlich aasartig, dadurch Fliegen und Käfer anlockend, die für die Verbreitung der Sporen sorgen. **Vorkommen:** Juni bis November im Laub- und Nadelwald, aber auch in Gärten und Parks. **Wert:** Kein Speisepilz; das rettichartig riechende und ebenso schmeckende junge (geschlossene) sog. „Hexenei“ (Größe wie Hühnerei) dagegen ist essbar! Nach Entfernen der Gallerte mit der dünnen Haut, in dünne Scheiben geschnitten und in der Pfanne in Butter mit Salz und Pfeffer kross gebraten, leckerer Speisepilz. Manche Pilzler berichten, dass die gebratenen Hexeneier einen ähnlichen Geschmack besitzen wie Bratkartoffeln.

Verwechslung: in ausgewachsener Form in unseren Wäldern kaum verwechselbar. Viel kleiner ist die wesentlich seltenere dünnstielige, ungenießbare Hundsrute *(Mutinus caninus)* mit zinnoberroter Sporenmasse, in reifem Zustand nach Katzendreck riechend. Um eine kummervolle Verwechslung von Hexeneiern der Stinkmorchel mit jungen, „eiförmigen“ Knollenblätterpilzen (S. 70–72) zu vermeiden, sollten diese stets zur Sicherheit durchgeschnitten werden und das Innere des Pilzes betrachtet werden.

Garten-Morchel

Morchella hortensis

Hut: 4 – 12 cm, beige bis grau, typisch spitzkegelig, seltener rundlich bis oval, mit einer auffallenden längsgerichteten, +/– welligen Wabenstruktur (Hauptstege +/– senkrecht und +/– erhaben, durch niedrigere Querrippen verbunden), Rippen im Alter schwärzlich, innen weiß, kleiig, hohl, mit dem Stiel verwachsen. **Stiel:** bis 6 cm lang, bis 4 cm breit, weisslich bis ockerlich, glatt, fein kleiig, hohl, grubig-faltig, Basis oft unregelmäßig verbreitert. **Fleisch:** im Hut blassbräunlich, im Stiel cremeweiß bis beigebraun, dünn, brüchig, Geruch angenehm, Geschmack mild. **Sporenpulver:** blass creme. **Vorkommen:** März bis Juni in Gärten, Parks und Friedhöfen auf Rindenmulch. Fruktifikation erfolgt einmal im Frühjahr nach im Vorjahr erfolgter Ausbringung von Rindenmulch. Die Garten-Morchel verbraucht offensichtlich die im Rindenmulch eingelagerten Kohlehydrate und erscheint im nächsten Jahr nicht mehr oder nur mehr mit einigen wenigen Fruchtkörpern. **Wert:** guter Speisepilz. Eignet sich gut zum Trocknen, dadurch auch aromatischer und oftmals besser verträglich. Nach Literatur soll sie weniger schmackhaft sein als die Speise- oder die Hohe Morchel (S. 174,175). Im übrigen siehe hinsichtlich im Einzelfall möglicher toxischer Auswirkungen bei Genuss von frischen Morcheln die entsprechenden Bemerkungen bei der Speisemorchel (S. 175).

Verwechslung: mit ebenfalls essbarer, eine eigene Art bildende – im Auwald wachsende – Spitzmorchel *(M. elata)* und der vorstehend behandelten Speisemorchel. Die Spitzmorchel und die Garten-Morchel unterscheiden sich makroskopisch nur hinsichtlich des Habitats. Hinsichtlich der tödlich giftigen Frühjahrslorchel (S. 178).

Frühjahrslorchel, Giftlorchel

Gyromitra esculenta

Fruchtkörper: 5 – 12 cm hoch, 5 – 20 cm breit, von unregelmäßiger, „hirnartiger" Form mit Hohlräumen, rot- bis schwarzbraun, Hutrand mit dem Stiel unregelmäßig verwachsen. **Stiel:** bis 6 cm lang, bis 3 cm dick, kurz, weiß bis grauweißlich, grubig-faltig sowie schwach kleiig, im Alter hohl und gekammert. **Fleisch:** weiß, wachsartig, zerbrechlich, von angenehmem Geruch und Geschmack. **Sporenpulver:** weiß. **Vorkommen:** März bis Juni in sandigen Kiefernwäldern, jedoch auch in Parks, an Holzlagerplätzen sowie in Gärten auf Rindenmulch, meidet kalkhaltige Böden, örtlich häufig. **Wert:** tödlich giftig; enthält das Leber- und Nierengift Gyromitrin (Monomethylhydrazin). Es besteht hier ein ähnlicher Krankheitsverlauf wie bei den tödlichen Knollenblätterpilzvergiftungen. In früheren Jahren wurden Frühjahrslorcheln nach Trocknung oder zweimaligem Abkochen (mit Wegschütten des Kochwassers) häufig verzehrt. Es besteht hier jedoch bei diesen Vorbehandlungsformen keine Sicherheit vor einer Vergiftung! Das wissenschaftliche Epithet „esculenta" (= essbar) ist daher irreführend. Die Frühjahrslorchel galt lange als essbar und wurde als Marktpilz verkauft. Sie darf jedoch seit Jahren in Deutschland nicht mehr gehandelt werden! Vor dem Genuss der „Gift-Lorchel" muss dringend gewarnt werden!

Verwechslung: mit weiteren giftigen Lorchelarten z.B. Riesenlorchel *(Morchella gigas)* oder der äußerst seltenen Bischofsmütze *(Gyromitra infula)* sind möglich. Frühjahrslorcheln sind die klassischen Doppelgänger von Morcheln (S. 174,175,177).

Klebriger Hörnling
(Calocera viscosa)
ungenießbar

Klebriger Hörnling, Schönhorn

Calocera viscosa

Fruchtkörper: 3 – 7 cm, mit korallenartig verzweigten gelben bis orangegelben, elastischen Ästen; in der Spitze in einzelne oder zwei- bis dreifach verzweigte Spitzen auslaufend. **Fleisch:** zäh, gelatinös. **Sporenpulver:** goldgelb. **Vorkommen:** Juni – November, auf morschen Stümpfen und Wurzeln von Nadelbäumen, sehr häufig. **Wert:** ungenießbar, wertlos.

Verwechslung: wird oft mit Korallenpilzen (Gattung Ramaria) verwechselt. Viele Pilzsammler glauben, dass es sich hier um junge „Hahnenkämme" handelt. Korallenpilze besitzen jedoch brüchiges und kein gelatinöses Fleisch. Ein ev. irrtümlicher Verzehr von Klebrigen Hörnlingen (vgl. auch S. 179) ist in der Regel unschädlich.

Hellgelbe Koralle

Ramaria lutea

Fruchtkörper: korallenförmig, 4 – 12 hoch und in etwa ebenso breit, kurzer Stiel unten weißlich, oben gelblich, frisch ganzer Fruchtkörper hell schwefelgelb, trocken creme-ockerlich bis gelblich, dann nur noch Spitzen kräftiger gelb, Äste feingliedrig verzweigt und stets rundlich, Hauptäste abgeflacht, +/– längsgefurcht., Astgabelungen meist V-förmig, Äste ohne rosafarbene Tönung, Astenden mit 2 stumpfen Spitzen. **Fleisch:** brüchig, weiß und im Anschnitt schwach marmoriert. Geruch angenehm, Geschmack mild. **Sporenpulver:** blassgelb. **Vorkommen:** August bis Oktober unter Buchen, mitunter auch unter Eichen, selten. **Wert:** Die Hellgelbe Koralle wäre wohl jung essbar, ist jedoch nur von absoluten Spezialisten mittels mikroskopischer Untersuchung bestimmbar. Ähnlich aussehende Korallenpilze (z.B. Dreifarbige Koralle, Blasse Koralle) sind nachweislich giftig. Außerdem ist die Hellgelbe Koralle wegen Seltenheit schonenswert!

Verwechslung: mit weiteren +/– gelben, sehr seltenen Korallen (z.B. Gelbliche Koralle, Goldgelbe Koralle, Schwefelgelbe Koralle, Dreifarbige Koralle, Bauchwehkoralle usw.), die exakt nur aufgrund mikroskopischer Untersuchung von Spezialisten bestimmt werden können. Fazit: Korallen verändern mit zunehmendem Alter ihre Farbe und sind oft kaum mehr voneinander zu unterscheiden! Korallenpilze sind deshalb wegen der vor allem im fortgeschrittenen Alter bestehenden Verwechslungsmöglichkeit grundsätzlich keine Speisepilze!

Krause Glucke, Fette Henne

Sparassis crispa

Fruchtkörper: 10 – 40 cm Durchmesser, Höhe bis zu 30 cm, Gewicht bis 5 kg, halbkugelig, blumenkohlartig, einer brütenden Gluckhenne (Name!) oder einem Badeschwamm ähnelnd, jung weißlich-blassgelb, dann hellbräunlich bis ockerfarben, im Alter bräunlich, die welligen Blattenden verfärben sich am äußersten Rand dunkelbraun. Strunk: auf vermorschtem Holz sitzend, fleischig, wässrig durchzogen, innen weiß; die krausen, bandartigen Äste sind strunkartig miteinander verbunden. **Fleisch:** weiß bis hellbräunlich, elastisch, wachsartig und sehr brüchig. Geruch arttypisch angenehm würzig, +/– maggiartig, Geschmack mild, nussartig. **Sporenpulver:** hell ockerbräunlich. **Vorkommen:** August bis November fast immer am Grund von lebenden Kieferstämmen (selten an Fichte), Wurzeln oder Stümpfen, standorttreu, erzeugt beim Wirtsbaum im Stammholz eine sog. „Braunfäule", nicht selten. **Wert:** in jungem Zustand sehr guter, ergiebiger und beliebter Speisepilz mit spezifischem aromatischen Geruch und nussartig mildem Geschmack. In diesem labyrinthischen Pilz mit den zahlreichen Hohlräumen findet man beim Zerpflücken Erdreste, Insekten, Schnecken usw., die zu entfernen sind. Bitte nicht waschen, da sonst der Pilz eine Unmenge Wasser aufsaugt und dadurch der Geschmack in Mitleidenschaft gezogen wird. Die Krause Glucke kann bis zu einer Woche im Kühlschrank aufbewahrt werden, eignet sich jedoch auch zum Einfrieren und kann auch getrocknet werden. Nach späterem Einweichen schmeckt der Pilz wie frisch und kann wie frisch geerntet zubereitet werden. Ältere Pilze schmecken bitterlich. Rohgenuss vermeiden! Bei unzureichender Erhitzung können deutliche Magen-Darm-Probleme auftreten. Man sagt diesem Pilz (Inhaltsstoff: „Sparassol") eine die Immunabwehr stärkende Wirkung, als auch antibiotische Wirkung nach.

Verwechslung: möglich mit der hauptsächlich an Eiche, Buche oder Tanne wachsenden, sehr seltenen Breitblättrigen Eichen- oder Tannenglucke *(Sparassis laminosa)* mit breiteren, aufwärts gerichteten, weniger kraus gewundenen, mehrfach leicht zonierten Ästen; sie ist jedoch mit ihrem waschlaugenähnlichen Geruch und dem relativ zähen Fleisch weniger schmackhaft, zudem wegen Seltenheit schonenswert. Die giftige Bauchweh-Koralle *(Ramaria mairei)* hat korallige und keine badeschwammartige Struktur.

Judasohr, Mu-Err, Chinamorchel

Auricularia auricula-judae

Fruchtkörper: bis 10 cm groß, schüssel-, ohr- bis muschelförmig, feucht, schmal angewachsen, vielfach gewunden, Oberseite +/– schwarz runzelig, feinsamtig, matt, rot-, purpur- bis olivbraun, trocken schwarzbraun bis schwarz, Unterseite mit Fruchtschicht glänzend und +/– aderig-runzelig. Bei längerer Trockenheit zu einer hornartigen Hut zusammenschrumpfend, bei Feuchtigkeit wieder aufquellend. **Fleisch:** dünn (bis 2 mm), weichknorpelig, gallertig, violettbräunlich, bei Trockenheit hornartig hart, bei Feuchte immer wieder aufquellend, Geruch unauffällig, Geschmack mild. **Sporenpulver:** weiß. **Vorkommen:** ganzjährig an Laubholz, mit Vorliebe an wärme- und feuchtigkeitsbegünstigten Standorten (z.B. an Fluss- und Seeufern) an lebendem oder totem Holz von Schwarzem Holunder *(Sambucus nigra)*, selten an Nadelholz. **Wert:** essbar. Das Fleisch des Judasohrs ist weitgehend geschmacklos und knorpelig. Der Pilz sollte speziell bei asiatischen Gerichten Verwendung finden, weniger im klassischen Mischpilzgericht. In China wird dieser Pilze unter dem Namen Mu-Err-Pilz seit mehr als 1000 Jahren kultiviert und als Delikatesse geschätzt. In der Chinesischen Medizin werden Judasohren als entzündungshemmende und cholesterinsenkende Mittel eingesetzt. Neben dem Judasohr wird in unseren Chinarestaurants auch eine ähnliche, jedoch größere Art angeboten.

Verwechslung: möglich mit anderen „wabbeligen" Pilzen, z.B. mit dem essbaren Rotbraunen Zitterling *(Tremella foliacea)* mit wellig-krausen, +/– durchsichtigen Blättern, sowie glänzender Ober- und Unterseite. Der sehr seltene, relativ dickfleischige ungiftige Gezonte Ohrlappenpilz *(Auricularia mesenterica)* weist eine striegelig-filzige gezonte hellgraue bis olivbraune Oberseite auf.

Schwarzhütiger Steinpilz, Weißer Bronzeröhrling

Boletus aereus

Hut: 5 – 20 cm, jung halbkugelig, dann polsterförmig, dickfleischig, oft runzelig, anfangs samtig, im Alter +/– glatt und glänzend, kaffee-, schokoladen- bis schwarzbraun, bisweilen auch bronzebraun, hin und wieder gelbbraun fleckig. **Poren:** fein, zunächst weiß, später hell gelblich-graulich bis grüngelb, auf Druck nicht verfärbend. **Stiel:** bis 10 cm lang, bis 4 cm dick, keulig – dickbauchig, selten zylindrisch-walzig, ockerlich, hell- bis dunkelbraun, in der oberen Hälfte mit feiner brauner Netzzeichnung. **Fleisch:** weiß, nicht blauend, hart, unter der Huthaut mit bräunlicher Zone, Geschmack nussartig, mild, frisch ohne Geruch, getrocknet mit würziger kumarinähnlicher Komponente. **Sporenpulver:** olivbraun. **Vorkommen:** Mai bis Oktober in vorwiegend mediterranen und/oder thermophilen Laubwäldern, insbesondere unter Eichen und Buchen auf neutralen bis basischen, selten sauren Böden, bisweilen auch in Parks, Friedhofanlagen und Eichenalleen, äußerst selten. Der Schwarzhütige Steinpilz gilt in Bayern als gefährdet und ist nach der Bundesartenschutzverordnung streng geschützt und darf nicht – auch nicht in kleinen Mengen – gesammelt werden. Fundort (Foto): unter einer wärmebegünstigten, ca. 100 Jahre alten Eichenallee einer zu einem Bauernhof (Nähe Weiden) gehörigen Hofstelle neben dem Dorfweiher auf besseren, anthropogen beeinflusstem Boden. **Wert:** Ein dem klassischen Fichtensteinpilz gleichwertiger hochwertiger Pilz. Leider darf man den Pilz – sofern man ihn überhaupt findet – nicht genießen.

Verwechslung: möglich mit dem Kiefernsteinpilz (S.28) oder dem Fichtensteinpilz (S. 29). In der Praxis dürfte eine Verwechslung bei diesem „schwarzhütigen" Steinpilz kaum auftreten, da er sich in unseren Regionen aufgrund seiner besonderen ökologischen und klimatischen Ansprüche kaum blicken lässt.

Ästiger Stachelbart

(Hericium coralloides)

Fruchtkörper: 10 – 30 cm breit, fleischig, korallenartig, weiß, im Alter blass-ockerfarben, Äste aufwärts gerichtet, Astenden unregelmäßig mit hängenden Stachelbüscheln. **Stacheln:** 10 –15 mm lang, pfriemförmigund nach unten gerichtet. **Fleisch:** weißlich, weich, später zäh. Geruch und Geschmack leicht rettichartig, Geschmack mild. **Sporenpulver:** weiß. **Vorkommen:** Sommer bis Herbst, an morschen Stämmen und Stümpfen von Laubholz, besonders an Rotbuche, selten auch an Tanne, allgemein selten. Diesen wunderschönen, sehr seltenen Pilz zu finden ist ein unvergessliches Erlebnis!

Wert: jung wohl essbar, jedoch zu schonen, da Bestand stark gefährdet. Wird auch kultiviert, jedoch als „Speisepilz" nicht hochwertig. Der Ästige Stachelbart gilt in der Traditionellen Chinesischen und Japanischen Medizin als Vitalpilz (Heilpilz).

Verwechslung: mit dem Tannen-Stachelbart *(Hericium flagellum)* oder dem Igel-Stachelbart *(Hericium erinaceus)*; die beiden Verwandten sind ebenfalls jung essbar, Heilpilze und sehr selten.

Rosaspitzige Koralle, Rötende Koralle

Ramaria rubripermanens

Fruchtkörper: 7 – 13 cm hoch, 8 – 16 cm breit, reich verzweigt, einzeln wachsend. Strunk einzeln, zylindrisch oder konisch, glatt, nur wenig im Erdreich verwachsen, gelblich-weiß bis hell nussbraun bis ockerlich, Ästesystem gedrängt, Achseln meist spitz bis fast spitz, leicht gespreizt, am Rand stark ausladend, teils zuerst abwärts gebogen und erst nach mehrfachem Aufteilen aufwärts strebend, Oberfläche zunächst glatt, später runzelig. Astfarben von unten herauf gleichmäßig weißlich oder hell cremefarben überdeckt, reif durch das Sporenpulver schwach ockerlich überhaucht, frisch in den Astspitzen rosa bis orange-rosa, reif bisweilen trüb weinrosa, alt schmutzig braun-weinrosa, beim Trocknen fast schwarzbraun. Fleisch fest, weiß, nicht gelatinös, beim Trocknen milchig weiß, getrocknet hell gelblich-braun, Geruch muffig süß, Geschmack mild, unauffällig. **Vorkommen:** Sommer bis Herbst, im Laub- und Nadelwald, vornehmlich unter Buchen, auf basenreichen Braunerden. Sehr selten, in Bayern wenige Fundstellen. Das Foto stammt aus einem Bergwald unter Rotbuchen in der Nähe von Weiden i.d.OPf. (MTB 6339/1). **Wert:** soll jung essbar sein. Wegen Verwechslungsgefahr und äußerster Seltenheit sollte die Rosaspitzige Koralle nicht gesammelt werden.

Verwechslung: ähnlich der kaum mehr auffindbare, stark gefährdete Hahnenkamm *(Ramaria botrytis)* mit ebenfalls rötlichen Spitzen sowie die häufige und bekannte meist an Kiefernstämmen wachsende Krause Glucke (S. 181), ohne Rottöne in den Blattspitzen. Die Krause Glucke könnte man mit einem „Badeschwamm" verwechseln. Fazit: sämtliche Korallen sind wegen allgemeiner Seltenheit und insbesondere starker Verwechslungsgefahr mit giftigen Korallenpilzen keine Speisepilze!

Tintenfischpilz

Clathrus archeri

Fruchtkörper: jung als kugeliges bis schwach birnenförmiges 3 – 5 cm breites weißgraues „Hexenei" unterirdisch heranwachsend, dann kurz gestielt in 4 – 8 auseinanderstrebende krakenförmige, leuchtend rote Tentakel „tintenfischartig" ausbreitend, Oberfläche netzig-grubig, die Innenseiten mit intensiv aasartig stinkender dunkelgrüner Fruchtschicht (Gleba) bedeckt. Der 2 – 5 cm lange weißliche, hohle, poröse Stiel steckt in einer weißlichen bis blass braunen Volva (Scheide). **Vorkommen:** Juli bis Oktober im Laub- und Nadelwald auf +/– sauren Böden, oft an Waldwegen, bisweilen auch an Totholz oder Rindenmulch. **Wert:** Kein Speisepilz, da penetranter aasartiger Geruch! **Herkunft:** dieser exotische Pilz wurde erstmals 1914 in den Vogesen gefunden und soll in der Wolle von importierten Schafen aus Neuseeland und Australien nach Europa eingeschleppt worden sein.

aufgeschnittene Scheiben der Böhmischen Trüffel
(Pisolithus arhizus)
essbar

Bayerisches Staatsministerium für
Umwelt und Gesundheit

URKUNDE

In Anerkennung
besonderer Dienste um den Naturschutz
verleihe ich

Herrn Norbert Griesbacher

die

AUSZEICHNUNG „GRÜNER ENGEL"

München, den 14. März 2011

Dr. Markus Söder MdL

Bayerischer Staatsminister für
Umwelt und Gesundheit

Der Autor Norbert Griesbacher

Norbert Griesbacher ist seit fast 40 Jahren als Pilzsachverständiger der Deutschen Gesellschaft für Mykologie (DGfM) ehrenamtlicher Pilzberater der Stadt Weiden i.d.OPf.

In den vergangenen Jahrzehnten hat er durch zahlreiche Pilzberatungen und Pilzexkursionen sowie auf vielen Pilztagungen und in vielfältigen eigenen Studien wertvolle Erfahrungen sammeln dürfen. Er steht ganzjährig Ratsuchenden bei allen mit Wildpilzen zusammenhängenden Fragen zur Verfügung.

Im Jahr 2011 erhielt er aus den Händen des damaligen Umweltministers Dr. Markus Söder für seine Leistungen „in Anerkennung besonderer Verdienste um den Naturschutz" den neugeschaffenen „GRÜNEN ENGEL" verliehen.

Norbert Griesbacher, leitender Kommunalbeamter a. D. ist verheiratet und hat zwei erwachsene Töchter.

In seiner außerpilzlichen Freizeit hält sich der in früheren Jahren mehrfach ausgezeichnete Leichtathlet mit Mountainbike, Volleyball und Fitness-Studio in Form. Der große Garten will auch gepflegt werden und dient ihm zur Entspannung.

Dr. Markus Söder zeichnet 2011 in der Kaiserburg in Nürnberg Norbert Griesbacher (2. v. l.) als „GRÜNER ENGEL" aus. Rechts von Griesbacher Jens Meyer, 2. Bgm. der Stadt Weiden, links von Dr. Söder der Ornithologe Dr. Gerald Henkel (ebenfalls ausgezeichnet).

Erklärung von Fachausdrücken

agg. Aggregat = Sammelart
Agglutination Zusammenlagerung z.B. von roten Blutkörperchen
Agglutinine Substanzen, die eine Agglutination hervorrufen
Alkaloide stickstoffhaltige, meist giftige basische Naturstoffe
Allergie Immunreaktion des Körpers auf bestimmte Fremdstoffe
Allergisierung Aufbau einer allergischen Reaktion
Amanitine vgl. Amatoxine
Amatoxine Aus Aminosäuren bestehende tödlich wirkende hitze- und säurestabile Lebergiftgruppe; z.B. enthalten im Grünen und Spitzkegeligen Knollenblätterpilz und in einigen Häublingen und kleinen Schirmlingen
Anämie Blutarmut (Verminderung der Hämoglobin-Konzentration im Blut)
Anastomosen queradrige Verbindungen zwischen Lamellen und Leisten
anastomosierend Lamellen, die durch Queradern verbunden sind
annulus mobilis beweglicher Ring
Antabusreaktion Unangenehme Reaktion des Körpers bei Alkoholkranken durch die Verabreichung des Medikaments Antabus
Antagonist Gegenmittel
Anthrachinone Naturstoffe mit abführender Wirkung, jedoch auch krebsverdächtig
anthropogen von Menschen beeinflusst oder geschaffen
Antigen Substanz, die eine Bildung von Antikörpern auslöst und somit in Einzelfällen Allergien hervorrufen kann
apikal an der Spitze liegend
Autolyse Selbstauflösung von organischen Zellen durch eigene Enzyme
Azetaldehydvergiftung Heftige Kreislaufreaktionen aufgrund Hemmung des Alkoholabbaus z.B. beim Faltentintling in Verbindung mit Alkohol
Azetylen süßlich widerlich bis stechend karbidartig riechendes Gas
basal bei einem Hutpilz den untersten Teil des Stieles betreffend
Basidie +/– flaschenförmige Zelle der Fruchtschicht, an der sich meist 4 Sporen entwickeln
Basismyzel Hyphengewebe an der Basis der Pilzstiele
bodenvage an die Bodenverhältnisse keine besonderen Ansprüche stellend
Braunfäule Fäulnistyp holzabbauender Pilze, bei dem die Cellulose des Holzes, nicht aber dessen Lignin abgebaut wird
Cadmium Cadmium (Cd) ist ein giftiges Schwermetall, das z.B. +/– in gilbenden Egerlingen angereichert ist
Chalciporon Scharfstoff des Pfefferröhrlings
Coprin ein Pilzgift, das im erhitzten Zustand den Alkoholabbau hemmt und zu krankhaften Erscheinungen führt (Beispiel: Faltentintling)
Cortina Teilhülle inform eines Schleiers, der bei jungen Fruchtkörpern den Hutrand mit dem oberen Teil des Stiels verbindet, typisch bei der großen Gattung der Haarschleierlinge (Cortinarius)
Epikutis oberste Schicht der Huthaut
exzentrisch Stiel nicht in der Mitte des Hutes stehend
Fasciculole Zellgifte, die z.B. beim Grünblättrigen Schwefelkopf auftreten
frei Lamellen, die den Stiel nicht berühren
gastrointestinal den Magen-Darm-Trakt betreffend
GAU „Größter Anzunehmender Unfall"
gegabelt in zwei Fortsetzungen geteilt (meist bei Lamellen gebraucht)
genattert meist in Verbindung mit Stiel gebraucht; mit natternförmiger Zeichnung
Gyromitrin tödlich giftige, flüchtige und wasserlösliche Verbindung, die u.a. in der Frühjahrslorchel enthalten ist
Haarschleierlinge Lamellenpilze, die zwischen Hutrand und Stiel einen Schleier aufweisen
Hämolyse Austreten des Blutfarbstoffs aus den roten Blutkörperchen
Hämolysin Substanz , die eine Hämolyse auslöst
hängend Ring hängend, nach oben abziehbar
Hexenringe in +/– großen Kreisen wachsende Pilze, z.B. Nelkenschwindling
hitzelabil nicht hitzebeständig (Gifte werden beim Kochen zerstört)
hitzestabil hitzebeständig (Gifte werden beim Kochen nicht zerstört)
Hülle vgl. Ausführungen bei „Velum"
Hüllreste Reste der Teilhülle oder der Gesamthülle, die auf dem Hut, Hutrand oder am Stiel zurückbleiben
hyalin farblos-durchsichtig (keine Farbbezeichnung)
hydrophil wasserliebend
hygrophan Hutfarbe im durchfeuchteten Zustand anders als im trockenen; meist dunkler
Hyphen schlauchartige Zellen, aus denen ein Pilz aufgebaut ist
Ibotensäure giftige stickstoffhaltige Verbindung („Prämuscimol") z.B. im Fliegen- und Pantherpilz, aus der sich die giftigen Substanzen Muscimol und Muscazon ableiten
Idiosynkrasie angeborene Überempfindlichkeit
immunhämolytisch Hämolyse, ausgelöst durch die Bildung von Antikörpern durch das körpereigene Immunsystem
Inkubationszeit Zeit, die zwischen Essensaufnahme und Auftreten der ersten Krankheitssymptome vergeht
Karbol veraltete Bezeichnung von Phenol; ein chemischer Stoff mit durchdringendem Geruch z.B. nach Krankenhaus
konvex nach außen gewölbt, polsterförmig
Lamellen auf der Hutunterseite von Blätterpilzen radial verlaufende Blätter, an deren Seitenflächen sich die Fruchtschicht befindet
Latex Milchsaft

letal tödlich
Lignin braunes Stützmaterial in Pflanzen
Manschette ringartige, häutige Bildung am Stiel in „manschettenförmiger" Art als Überbleibsel der Teilhülle
mediterran zum Mittelmeer gehörend
montan Höhenstufe, die im Mittelgebirgsbereich bei ca. 500 m beginnt und im Hochmontanbereich bei ca. 1500 m endet
Muscarin ein geschmack- und geruchloses, hitzestabiles Nervengift
Muscimol, Muscazon giftige stickstoffhaltige Verbindungen z.B. im Fliegen- und Pantherpilz
Mykorrhiza „Pilzwurzel"; Umwachsung von Pflanzenwurzeln durch Pilzhyphen zum gegenseitigen Nutzen
Myzel, Myzelium eigentlicher Pilz, der unterirdisch wächst. Das Myzel besteht aus vielen fein verzweigten fädigen Zellen, den Hyphen.
Myzelrhizoiden gebündelte Hyphenfäden, wie eine Wurzel aussehend (oft gebraucht für Myzelstränge)
Nebularin in der Nebelkappe enthaltenes Zellgift
Necatorin erbverändernde Substanz (Mutagen) das z.B. im Olivbraunen Milchling vorkommt
neurotoxisch giftig für das Nervensystem
Niereninsuffizienz Nierenschwäche
ökologisch biologische Wechselbeziehung zwischen Organismen und ihrer natürlichen Umwelt
Orellanin Nierengift, das eine Schädigung der Harnkanälchen bewirkt (bei schweren Vergiftungen Einsatz der künstlichen Niere)
parasitisch von lebendem organischen Material lebend und den Wirt schädigend bzw. zerstörend
pfriemförmig in der Form einer Ahle
Pigmentschicht farbgebende Schicht
Pilzindigestion Schwerverdaulichkeit
polsterförmig nach außen gewölbt
Poren Mündungen der Röhren von Röhrenpilzen und Löcherpilzen
Pulvinsäure sowohl die Variegat- als auch die Xerocomsäure gehört zu den Pulvinsäuren
Ring ringförmiges Gebilde am Stiel, als Rest der Teilhülle, die beim jungen Fruchtkörper den Hutrand mit dem Stiel verbunden hat, in häutiger Form auch als Manschette bezeichnet
Ruderalfläche +/– von Menschen beeinflusste Schutt- und Kiesplätze, Wegränder, ehemalige Industrieflächen mit stickstoffhaltigem Boden und angepassten Pflanzengesellschaften
saprophytisch von totem organischen Material (z.B. Laub, Totholz, Nadeln, usw.) lebend
Scheide häutiges Gebilde an der Stielbasis als Rest der Gesamthülle (Velum universale)
Sensibilisierung zunehmende Überempfindlichkeit auf Fremdstoffe
Sesquiterpene giftige Kohlenwasserstoffverbindungen mit 15 Kohlenstoffatomen
sp. „species" – nicht näher bezeichnete Art hinter dem Namen der Gattung
Spore der Fortpflanzung dienende mikroskopisch kleine Verbreitungseinheit
Syn.: Abkürzung von Synonym; weiterer Name für eine benannte Art
Terpene, terpenoide Verbindungen Gruppe von chem. Verbindungen, die in natürlicher Form als sekundäre Pflanzenstoffe in Organismen vorkommen
thermophil wärmeliebend
Toxikologie Giftkunde
toxisch giftig
Triethylamin basisches Lösungsmittel, das in verdünnter Form einen fischartigen Geruch aufweist
Tschernobyl am 26.04.1986 ereignete sich in Tschernobyl (Ukraine) ein Unfall eines Atomreaktors mit erheblicher Freisetzung von radioaktiven Stoffen (hauptsächlich Cäsium-134 und -137)
Variegatsäure organischer, gelber Farbstoff in Dickröhrlingen, der sich bei Anschnitt durch Oxydation blau verfärbt
Velum Velum = Hülle
Man unterscheidet zwei Formen:
a) Teilhülle (Velum partiale) die Blätter schützend, vom Stiel zum Hutrand oder
b) Gesamthülle (Velum universale), die den ganzen jungen Pilz einhüllt

Viele Pilzgruppen besitzen kein Velum.
Volva scheidenartige Struktur an der Stielbasis, aus der der Stiel herauszuwachsen scheint
Weißfäule Abbau des Lignins in holzigen Pflanzen durch Pilze
Xerocomsäure organischer, gelber Farbstoff in Dickröhrlingen, der sich bei Hinzutritt von Luftsauerstoff blau verfärbt
zylindrisch gleichmäßig rund, röhrenförmig

Quellennachweis

(Die folgende Liste umfasst die ausgewerteten Fachbücher und Zeitschriften)

Bon M (1988): Pareys Buch der Pilze, Verlag Paul Parey, Hamburg und Berlin
BÖTTICHER W (1974): Technologie der Pilzverwertung, Verlag Eugen Ulmer, Stuttgart
BÖTTICHER W (1985): Pilze und Wildfrüchte (Broschüre), AID e.V., Paul Dierichs, Kassel
BREITENBACH J, KRÄNZLIN F (1981 – 2000): Pilze der Schweiz, Band 1 – 5, Verlag Mykologia, Luzern
BRESINSKY A, BESL H (1985): Giftpilze, Wissenschaftliche Verlagsgesellschaft, Stuttgart
COURTECUISSE R & DUHEM B (2000): Guide des champignons de France et d`Europe, Delachaux et Niestlé, Paris
DÄHNCKE RM (1999): 200 Pilze, AT Verlag Aarau/Schweiz
DÄHNCKE RM (2004): 1200 Pilze, AT Verlag, Aarau/Schweiz
Der Tintling, die Pilzzeitung, Verlag Karin Montag, Schmelz, S 1/2003, S. 26; 2/2013, S. 93/94; 2/2016, S. 15/16
DGfM-Listen der Speisepilze, DGfM-Mitteilungen (2016/1), Fachausschuss „Pilzverwertung und Toxikologie", Pilzvergiftungen S. 251 – 261, Pilze mit uneinheitlich beurteiltem Speisewert sowie Giftpilze (2014,2015) – Fachausschuss Pilzverwertung und Toxikologie –
EINHELLINGER A (1985): Die Gattung Russula in Bayern, Verlag der Gesellschaft Hoppea, Regensburg
FLAMMER R (2014): Giftpilze, AT Verlag, Aarau und München
FLAMMER R, HORAK E (1983): Giftpilze-Pilzgifte, Franckh'sche Verlagshandlung, Stuttgart
GERHARDT E (1997): Der große BLV Pilzführer für unterwegs, BLV Verlagsgesellschaft, München
GRÖGER F (2006 und 2014): Bestimmungsschlüssel für Blätterpilze und Röhrlinge in Europa, Teil I und II Regensburger Mykologische Schriften, Band 13 u. Band 17
GUTHMANN J, HAHN Ch, REICHEL R (2011): Taschenlexikon der Pilze Deutschlands, Quelle & Meyer Verlag, Wiebelsheim
HAHN Ch (2015) Zur Taxonomie und Geschichte der Gattung Boletus, Mycol. Bav. 16:13 - 45
HAHN Ch, GRÜNERT H (2016) Über neue und teils altbekannte Vergiftungssyndrome, Mycol.Bav. 17: 69 -96
HAHN Ch (2011): Pilze sammeln, Bassermann Verlag, München
HORAK E (2005): Röhrlinge und Blätterpilze in Europa, Spektrum Akademischer Verlag, Heidelberg
KIBBY G (2011): The Genus Russula in Great Britain, Eigenverlag G. Kibby
KIBBY G (2012): British Boletes, Eigenverlag G. Kibby, 3. Auflage
KNUDSEN H, VESTERHOLT J (2008): FUNGA NORDICA, Nordsvamp, Copenhagen
KRÄNZLIN F (2005) : Pilze der Schweiz, Band 6, Verlag Mykologia, Luzern
KRIEGLSTEINER GJ (2000 – 2010): Die Großpilze Baden-Württembergs, Band 1 – 5, Verlag Eugen Ulmer, Stuttgart
LAUX HE (2001 und 2015): Der große Kosmos Pilzführer, Franckh-Kosmos Verlag, Stuttgart
LÜDER R (2007): Grundkurs Pilzbestimmung, 1. Auflage, Quelle & Mayer Verlag, Wiebelsheim
LÜDER R und F (2014): Pilze zum Genießen …, kreativpinsel Verlag, Neustadt
MICHAEL E, HENNIG B, KREISEL H (1958 – 1983): Handbuch für Pilzfreunde Bd. 1 – 6, G. Fischer-Verlag, Stuttgart
MYCOLOGIA BAVARICA (2016), Bd. 17, Verlag-Josef-Maria-Christan, München
PÄTZOLD W, LAUX HE (2004): 1mal1 des Pilzesammelns, Franckh-Kosmos Verlag, Stuttgart
PETER J (1977): Das große Pilzbuch, Safari-Verlag, Berlin,
PHILLIPS R (1982) : Das Kosmosbuch der Pilze, Kosmos-Verlag Franckh, Stuttgart
POELT J, JAHN H (1963): MITTELEUROPÄISCHE PILZE, Kronen- Verlag Erich Cramer, Hamburg
SCHAEFFER J (1952): RUSSULA-MONOGRAPHIE, J. Klinkhardt, Bad Heilbrunn
STANGL J (1989): Die Gattung Inocybe in Bayern, Verlag der Gesellschaft Hoppea, Regensburg
StMLU (1982): Schont die Pilze! (Faltblatt), Verlag Hofmann, Traunreut
SVRČEK M, KUBIČA J, ERHART J , ERHART M (1979): Der Kosmos-Pilzführer, Franckh`sche Verlagshandlung, Stuttgart
Wohlleben P (2015): Das geheime Leben der Bäume, Ludwig Verlag, München

Bildquellennachweis

Baumanis Herbert	S. 37,62,73,88
Fichtner Bernd	S. 199
Flor Maria	S. 111,154u
Hartwig Stefan	S. 167
Jurkeit Werner	S. 61,87u,123,127,128,129,130,131,132,133,134,135,136,137,138,139,140,142,143,144li,146,147,149,159,176,186
Lederer Raimund	S. 189
Lorenz Klaus	S. 56
Markones Rudi	S. 41,43,45,54,66,81,86,90,96,107,122,156
Ostrow Harald	S. 29
Reichel Rainer	S. 30,32,33,38,42,56,57,69,71,87,98li,112,118re,119,126,151,153,166,172
Roth Lothar	S. 8,17,52,150,173,174,187
Seidl Hubert	S. 183
Zitzmann Helmut	S. 35,39,40,46,49,68li,72,76,79,80,82,92,100,101,102,104re,106,110,113,116,117,148,157,162,175,177,178,182

Oberpfalz-Medien:

Kaute Sonja	Titel oben Mitte, S.15,16
Schönberger Gabi	S. 3
Unger Alexander	Titel oben links

fotolia: Titel oben rechts ; Stillkost S. 19; Visions-AD S. 24; Siegfried Schnepf S. 27,163; erika_mondlova S. 168; Dr. N. Lange S. 179; Steinar, pandavector, Arcady - Piktogramme

Alle weiteren Fotos stammen vom Autor.

Register der deutschen Artnamen

Bei den mit Bild und Text aufgeführten Pilzarten sind die Seitenzahlen **fett** gedruckt. Für die Seitenzahlen der im weiteren Text (insbes. in der Rubrik „Verwechslung“) erwähnten Arten wurde Magerschrift verwendet. Suchbeispiel: Den „Fichtensteinpilz“ findet man nicht unter dem Buchst. „F“, sondern unter „St“ wie folgt: „Steinpilz (und darunter) – Fichten-“.

Register der wissenschaftlichen Artnamen

Bei den mit Bild und Text aufgeführten Pilzarten sind die Seitenzahlen **fett** gedruckt. Für die Seitenzahlen der im weiteren Text (insbes. in der Rubrik "Verwechslung") erwähnten Arten wurde Magerschrift verwendet.

Wichtiger Hinweis!

Der Speisewert der beschriebenen Pilze wurde nach bestem Wissen sowie neuestem Kenntnisstand angegeben. Sog. "unechte Pilzvergiftungen" (Pilzindigestionen) können im einzelnen auftreten bei:

- Rohgenuss
- üppigen Mahlzeiten
- verdorbene Pilze durch Bakterien, Fungizide, Pestizide, Herbizide, Schimmelpilze
- falsche Zubereitung
- Schwerverdaulichkeit (Chitin)
- individuelle Veranlagung bzw. Faktoren (z.B. Allergie, Intoleranz (Idiosynkrasie), Infektionen, chronisch-entzündliche Darmerkrankungen, Autoimmunerkrankungen, Reizdarmsyndrom, usw.).
- Pilze in Verbindung mit Alkohol oder Medikamenten
- Bei entsprechender Veranlagung können nämlich auch Speisepilze eine Überempfindlichkeit im Sinne einer Allergie auslösen, die durch einmaligen und insbesondere durch wiederholten Pilzgenuss und Sensibilisierung auf ein Pilzantigen entsteht.

Verlag und Autor übernehmen keine Verantwortung für Fehlbestimmungen durch den Leser dieses Pilzbuchs sowie für individuelle Unverträglichkeiten vielfältiger Art. Eine Haftung des Autors bzw. des Verlags für Personen-, Sach- und Vermögensschäden ist ausgeschlossen.

Früh übt sich, wer ein Schwammerlexperte werden will.